# ARCHIVES

FEBRUARY, 2009
EPISODE 001 ⟶ FEBRUARY, 2018
EPISODE 121

※本書は女性誌フィガロジャポンの連載「岡尾美代子の雑貨Hej! Hej! Hej!」(2009年〜2018年現在)を書籍化。下線のエピソードを収録しました。

ARCHIVES   EPISODE 001 ⟶ EPISODE 035

	(2009)	(2010)
JANUARY		☑ EPISODE 023 うれしくなるもの。 PAGE.054
FEBRUARY	☑ EPISODE 001 お皿とポット。 PAGE.014 ☑ EPISODE 002 冬の寝室。 PAGE.018	☑ EPISODE 024 ロンドンにて。 PAGE.056 ☑ EPISODE 025 お鍋。 PAGE.060
MARCH	☑ EPISODE 003 洗濯バサミと鼻セレブ。 PAGE.022 ☐ EPISODE 004 レシピ好き。	☐ EPISODE 026 お買い物の言い訳。 ☐ EPISODE 027 小さなもの。
APRIL	☐ EPISODE 005 理想の庭計画。 ☑ EPISODE 006 旅ゴコロ。 PAGE.026	☑ EPISODE 028 お茶飲み。 PAGE.062
MAY	☐ EPISODE 007 ハワイにて。 ☑ EPISODE 008 大仏さま。 PAGE.030	
JUNE	☐ EPISODE 009 竹皮編みのカゴ。 ☐ EPISODE 010 LONG TRACK FOODS	☐ EPISODE 029 赤、あれこれ。
JULY	☐ EPISODE 011 里子のバラ。 ☑ EPISODE 012 新幹線に乗って。 PAGE.032	☐ EPISODE 030 庭仕事、その後。
AUGUST	☐ EPISODE 013 オーガニックマーケット。 ☑ EPISODE 014 ネコと暮らす。 PAGE.034	☑ EPISODE 031 ベージュ色の食器。 PAGE.066
SEPTEMBER	☑ EPISODE 015 朝ご飯。 PAGE.038 ☑ EPISODE 016 窓を拭く。 PAGE.040	☐ EPISODE 032 ハッピーウェディング。
OCTOBER	☑ EPISODE 017 お昼寝。 PAGE.042 ☐ EPISODE 018 サボ。	☑ EPISODE 033 オールドファッション。 PAGE.070
NOVEMBER	☐ EPISODE 019 メイド・イン・USA。 ☐ EPISODE 020 北海道。	☑ EPISODE 034 ネコおばさん。 PAGE.072
DECEMBER	☑ EPISODE 021 冬のインテリア。 PAGE.046 ☑ EPISODE 022 コーヒーと朝練。 PAGE.050	☐ EPISODE 035 りんごの季節。

	(2011)	(2012)
JANUARY	☑ EPISODE 036 裂き織りマット。 PAGE.078	☐ EPISODE 048 マッキントッシュ。
FEBRUARY	☑ EPISODE 037 クリスマスオーナメント。 PAGE.080	☑ EPISODE 049 ランバー・ジャック。 PAGE.098
MARCH	☑ EPISODE 038 ブロカント。 PAGE.082	☑ EPISODE 050 台所にて。 PAGE.100
APRIL	☐ EPISODE 039 旅ゴコロ。	☑ EPISODE 051 かるたとクマ。 PAGE.104
MAY	☐ EPISODE 040 ハリネズミ。	☑ EPISODE 052 ネコと黒ネコ。 PAGE.106
JUNE	☐ EPISODE 041 温度計。	☐ EPISODE 053 乙女ブリティッシュ。
JULY	☑ EPISODE 042 金熊荘にて。 PAGE.086	☐ EPISODE 054 ミラノ散歩。
AUGUST	☑ EPISODE 043 月の道。 PAGE.088	☑ EPISODE 055 最近のお買い物。 PAGE.108
SEPTEMBER	☐ EPISODE 044 ベリー・ブリティッシュ！	☐ EPISODE 056 物物。
OCTOBER	☑ EPISODE 045 免疫力。 PAGE.092	☐ EPISODE 057 インドなエナメル。
NOVEMBER	☐ EPISODE 046 ポラロイドフィルム。	☑ EPISODE 058 フィギュリン。 PAGE.110
DECEMBER	☑ EPISODE 047 ロンドンでお買い物。 PAGE.094	☐ EPISODE 059 Old 気分。

ARCHIVES EPISODE 036 ⟶ EPISODE 083

(2013)	(2014)	
☐ EPISODE 060 Big Apple	☑ EPISODE 072 ブッチャーストライプ。 PAGE.128	JANUARY
☑ EPISODE 061 リーチ・ポタリー。 PAGE.114	☑ EPISODE 073 静謐な世界に憧れて。 PAGE.130	FEBRUARY
☐ EPISODE 062 サムエルワルツにて。	☑ EPISODE 074 庭とネコ。 PAGE.134	MARCH
☑ EPISODE 063 イニシャル。 PAGE.116	☑ EPISODE 075 キッチン。 PAGE.136	APRIL
☑ EPISODE 064 オーチャード。 PAGE.118	☐ EPISODE 076 根性試し。	MAY
☐ EPISODE 065 ニュージーランド。	☐ EPISODE 077 節子夫人とアスティエ。	JUNE
☐ EPISODE 066 イギリス好き。	☐ EPISODE 078 幸せな1日。	JULY
☑ EPISODE 067 お風呂グマと洗濯グマ。 PAGE.122	☐ EPISODE 079 ロンドンの赤。	AUGUST
☑ EPISODE 068 サプライズボール。 PAGE.124	☐ EPISODE 080 シャビー シック。	SEPTEMBER
☐ EPISODE 069 ノースウエストの旅。	☑ EPISODE 081 わくわく。 PAGE.138	OCTOBER
☐ EPISODE 070 お引っ越し。	☑ EPISODE 082 どうでもいいもの in ベルリン。 PAGE.142	NOVEMBER
☐ EPISODE 071 クリスマスがやって来る。	☐ EPISODE 083 ヴィド・グルニエ。	DECEMBER

	(2015)	(2016)
JANUARY	☐ EPISODE 084 アイ♥コペンハーゲン。	☐ EPISODE 096 キットとブラウン。
FEBRUARY	☐ EPISODE 085 ぼんやりオージー。	☑ EPISODE 097 白い月。 PAGE.150
MARCH	☐ EPISODE 086 ホームセンター的なもの。	☐ EPISODE 098 いまさらながらのブルックリン。
APRIL	☐ EPISODE 087 竹、たけ、タケ。	☐ EPISODE 099 ときのもり「リヴレ」
MAY	☐ EPISODE 088 ベルリン・チップス。	☑ EPISODE 100 LOST & FOUND PAGE.154
JUNE	☐ EPISODE 089 パンツをはいたクマ考。	☑ EPISODE 101 柔らかな色。 PAGE.158
JULY	☐ EPISODE 090 憧れの斧。	☐ EPISODE 102 パーツセンター・ラブ。
AUGUST	☐ EPISODE 091 想像のくに。	☐ EPISODE 103 スピ系？
SEPTEMBER	☐ EPISODE 092 私の庭。	☐ EPISODE 104 ザ ディアグラウンド。
OCTOBER	☐ EPISODE 093 バスク。	☐ EPISODE 105 メキシコへ。
NOVEMBER	☑ EPISODE 094 中国雑貨よ永遠に。 PAGE.146	☐ EPISODE 106 ザ・ニュー・クラフツメン。
DECEMBER	☐ EPISODE 095 ショートトリップ to サンフランシスコ。	☐ EPISODE 107 変テコな買い物。

ARCHIVES EPISODE 084 ⟶ EPISODE 121

(2017)	(2018)	
☐ EPISODE 108 レイバー・アンド・ウェイト。	☐ EPISODE 120 セレンディピティ。	JANUARY
☐ EPISODE 109 旅の記憶。	☐ EPISODE 121 無作為な世界に惹かれて。	FEBRUARY
☐ EPISODE 110 旅のおまけ。		MARCH
☐ EPISODE 111 お菓子の撮影の話。		APRIL
☐ EPISODE 112 季節ハズレの再会。		MAY
☐ EPISODE 113 黒に惹かれて。		JUNE
☐ EPISODE 114 ジョン・デリアンの世界。		JULY
☑ EPISODE 115 ターシャ・テューダーに憧れて。 PAGE.162		AUGUST
☐ EPISODE 116 ロズウェルへ。		SEPTEMBER
☐ EPISODE 117 カレンダー撮影中。		OCTOBER
☐ EPISODE 118 ヘイスティングス。		NOVEMBER
☐ EPISODE 119 小さな"かわいい"発見隊。		DECEMBER

ZAKKA Hej! Hej! Hej!

PHOTOGRAPHS & TEXTS BY MIYOKO OKAO

「雑貨Hej! Hej! Hej!」の「Hej(ヘイ)」は、スウェーデン語の「こんにちは」。
スウェーデンに行く度に、この挨拶がかわいいと思っていたので、
タイトルに付けてもらった。
「こんにちは! 雑貨さん」。そんなイメージで。

PROLOGUE

このページの写真はフィガロジャポン2007年10/5号「しあわせな北欧の旅」の付録「岡尾美代子の北欧 A to Z」のもの。
デンマークとスウェーデンのトピックを集めた、自分にとって思い出深い一冊で、
今思うと、これが連載のきっかけになってくれたのかも。

(2009 --- 2010)

EPISODE 001　　お皿とポット。
EPISODE 002　　冬の寝室。
EPISODE 003　　洗濯バサミと鼻セレブ。
EPISODE 006　　旅ゴコロ。
EPISODE 008　　大仏さま。
EPISODE 012　　新幹線に乗って。
EPISODE 014　　ネコと暮らす。
EPISODE 015　　朝ご飯。
EPISODE 016　　窓を拭く。
EPISODE 017　　お昼寝。
EPISODE 021　　冬のインテリア。
EPISODE 022　　コーヒーと朝練。
EPISODE 023　　うれしくなるもの。
EPISODE 024　　ロンドンにて。
EPISODE 025　　お鍋。
EPISODE 028　　お茶飲み。
EPISODE 031　　ベージュ色の食器。
EPISODE 033　　オールドファッション。
EPISODE 034　　ネコおばさん。

1）熊本で瑞穂窯を主催する福田るいさんのポット。
2）ティーフィルターを付けて使う。
3）よい本です。『少年民藝館』外村吉之介著、用美社刊。

1) 2) 3)

FEBRUARY,
2009

EPISODE 001

お皿とポット。

　一昨年の夏、住み慣れた東京を後にして海辺の町に越してきた。都心まで1時間の通勤時間と引き換えに手に入れたのは、日当りのいい台所と小さな庭。長い通勤時間は正直大変だけれど、山や海という自然が側にある暮らしは何物にも代えがたいものがあると、つくづく感じてる。

　前置きが長くなってしまったけれど、こういう生活の変化からなのか、それとも年齢のせいなのか、この頃暮らし回りのものの好みが変わってきた。以前は興味があっても、自分の生活には合わないと思っていた土っぽいものがしっくり馴染むようになったのだ。最近わが家にやってきた食器もやはりそういうもので、ひとつはぷっくりとした安定感があるシルエットのポット。蓋とポットの上部には藍色とグレーが混ざったような釉薬がかけてあって、その模様が昔から好きなフェアアイルセーターの編み柄を連想させる。だからたくさんあった展示品の中で迷わずこれを選んだ。

　もうひとつは小石原の15軒の窯元とフードコーディネーターの長尾智子さんがコラボレーションした器。私が買ったのは焼き色がグラデーションになっているパン皿と、軽快な飛びカンナの浅鉢。パン皿につややかなベーグルや、軽くトーストした天然酵母のパンをのせると、お互いに引き立て合ってはっとするような美しさを見せてくれる。眠い朝にこんな発見をすると、何だかうれしくなってしまう。
　素朴な器に潜む無垢な美しさ。土と人の手のあたたかさ。このふたつの焼き物の根底にあるのは、どちらも「民藝」の精神だと思う。それから、丁寧にじっくりと長くつきあっていきたいと、自然に思わせるのも共通項のひとつかな。

I'm into...
春に向けて、庭にせっせと
苗や球根を植えています。

EPISODE 001　　　　　　　　　　　　　　　　　　　　　　　　　　　お皿とポット。

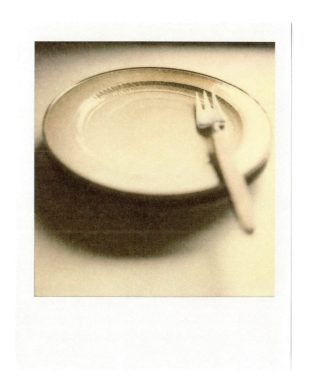

4）小石原ポタリー（http://koishiwara.jp）の浅鉢。
5）裏に小さく刻印が押されてる。
6）小石原ポタリーのパン皿。ベージュのグラデーションが本当にきれい。　　　　　　　　4）　5）　6）

EPISODE 002

冬の寝室。

　思い返してみると去年の生活目標は「きちんと眠る」だった（ちなみに今年は「冷えとり&家をすっきりさせる」です）。なので眠るための工夫を自分なりにいろいろと考えて実践してた。最初に決めたのは寝室を"眠る場所"と限定すること。眠る前に本を読んだりするのは、ベッドの中ではなくリビングで。そして、ちゃんと眠くなってからベッドへ向かう。それから寝室を居心地のいい空間にするために、無駄なものは置かず、いつもさっぱりさせておく。ベッドリネン類は季節に合わせて気持ちのいいものを選ぶ、などなど。
　いろいろ試した中でいちばん気に入っているのは、枕元にサシェを忍ばせておくこと。サンフランシスコで見つけたジュニパーリッジのシスキューシダーのサシェは、ほんのり甘く、森の香りがする。眠る時にその香りが漂ってくるのが好きだ。
　今の季節なら、寝る1時間ぐらい前からパネルヒーターなどで部屋を暖めておくのもおすすめ。せっかく眠くなったのに、寒い寝室に入った途端、眠気が飛んでしまうこともあるから。この冬はさらにひと工夫して、暖房を付ける時に一緒に加湿器も付けるようにした。これもまた、なかなかに快適。
　冬の寝室でインテリアのポイントになるのは、やはりブランケット。いつもなら白やベージュのトーンでベッドメークすることが多いけど、今年は深いターコイズブルーのブランケットを合わせている。強さのある色は自分にとっては冒険だったが、不思議と気持ちが落ち着く色で気に入っている。そう、私にとっては「リラックス」が良い眠りへの第一歩だった。一度じっくり自分の「睡眠」について考えてみると何かしら新しい発見があると思う。

I'm into...
今年の課題「冷えとり」対策として、靴下の4枚重ねを真面目に実践中。

EPISODE 002　　　　　　　　　　　　　　　　　　　　　　　　　　　冬の寝室。

サンフランシスコのオーガニックマーケットで買ったジュニパーリッジのサシェ。
枕元にちょこんと置いたりも。

FEBRUARY, 2009

1) 2)

1) ふかふかっ。
2) マーガレット・ハウエルのモヘアのブランケット。

EPISODE 002　　　　　　　　　　　　　　　　　　　　　　　　　　　　冬の寝室。

3）マイ湯たんぽ。
4）部屋の写真も冬らしく。これは茂木綾子さんの焚火の写真。　　　　　　　　　　3）4）

洗濯バサミ用のかご。

MARCH, 2009

EPISODE 003

洗濯バサミと鼻セレブ。

　朝、窓のカーテンの隙間から、新鮮でまっさらな光（のように感じる）が差していると、そそくさとベッドから起き出す。そして「さあ、今日は洗濯日和」だと、いきなり洗濯機を回し出す。というのも、オンボロな我が家の洗濯機は脱水時にガゴン、ガガガゴゴゴン、と凄まじい音がするので、夜に洗濯をするのは近所迷惑になっちゃいそうではばかられるのだ。それに家は海の側なので、午後の早い時間（といっても3時ぐらい）に洗濯物を取り込まないと、海からの湿気で、一度乾いたものがしっとりと湿ってしまう。そんなことを逆算すると、やはり早いスタートにこしたことはない。

　洗濯の過程で私が一番好きなのは、庭に作った木の洗濯物干しに、洗い上がったシャツやタオルを洗濯バサミで留めていく作業。光の当たる位置とバランスを考えつつ、1枚ずつ順番に留めてゆく気持ち良さよ。上段の高いところに干す時に見上げる空の青さ、鳶の旋回、はるか上空の飛行機。そんな空に映えるのは、お気に入りの洗濯バサミ。くすんだような曖昧なブルーに惹かれて、ブダペストの雑貨屋で買ったものだ。旅先でなんでこんな物を……と自分に突っ込みを入れながらレジに並んだ記憶が残ってる。

　昔から水色や青が好きで、それは子どもの頃にお気に入りだったワンピースにまで遡るのだけれど、改めて家の中を見渡すと、空き缶、色落ちしたデニムのクッション、麻のランチョンマットと、ブルー率がかなり高いことに気づいた。でも今回の発見（？）の中で断トツかわいいかったのは、「鼻セレブ」のパッケージの文字の色。白と動物と水色の組み合わせなんて、かわいくないわけないから、ずるいと思いつつ、胸がときめいてしまった次第。キュン。

I'm into...
ネコ2匹が我が家に居候中。ネコ中心の生活になりつつあります。

MARCH, 2009

1) ありふれた洗濯バサミ。ただただ色が好き。
2) 冬の青空。手前は松。
3) 居候ネコその1（名前はダイ）と贅沢ティッシュ「鼻セレブ」。
　　"ペンギン"のバックアップには"ウサギ"が控えてる。
4) 一番の"ブルー"はホンマタカシ氏のノースショアの写真。

EPISODE 003　　　　　　　　　　　　　　洗濯バサミと鼻セレブ。

APRIL,
2009

EPISODE 006

旅ゴコロ。

「ああ、どこかへ行きたいっ」。ふと、そう思うのは、たいてい疲れていたり、仕事に追われている時だ（いわゆる"逃避"ですね）。だけれど日々乗っている電車から眺める窓の外の風景に、旅ゴコロを誘われる時もある。

　新緑の美しい季節。うっとりするほどいいお天気の日。反対にシトシトと静かな雨の降る日。そんな日はつい自分の目的地とは反対方向に向かう電車に乗りたくなってしまう。何の目的もない衝動的な小旅行。ただ身軽に、ふらっと電車に乗ってみたいのだ。そして知らない道や、曲がり角を曲がって、ゆっくりその場所を散策してみたい。できれば名の知れた町ではなくて、住んでいる人しかいないような、ローカルな町のほうが面白そうだ。

　そういえば時々、何かの拍子に思い出すのは、旅先で歩いた、なんてことのない道の風景だったりする。泊まったホテルの脇の道とか、どこかに向かう途中の道。なんでこんな所を思い出すんだろうと、自分でも不思議になるのだけれど、でもそのなんてことのない場所の記憶に猛烈に旅ゴコロを揺さぶられることがあるから、それもまた不思議。多分ガイドブックには載っていない、自分で見つけた風景だからなのかな。自分でマーキングしたぞ、みたいな……。

　知らない場所に立ってみたい。知らない道を歩いてみたい。そんな単純な思いが私の旅のきっかけになっているのは確かで、だから電車の窓の外、あっという間に後ろに流れ去って行く景色に反応してしまうのかもしれない。でも実際に旅に出なくても、そんな景色を眺めるだけで、私の小さな旅ゴコロは、結構満たされてしまうのだけど。

I'm into...
友人と一緒に4月の末に鎌倉に食料品店をオープンすることになりました。店名はLONG TRACK FOODSです。どうぞよろしく、です。

EPISODE 006　　　　旅ゴコロ。

夕暮れのコニーアイランド。季節外れの遊園地。

1）コペンハーゲンの街中でおじさんの後を追う。
2）エジンバラ近郊の寂れた町の不思議な……。
3）これはパリ。
4）飛行機とおじさん。ハバロフスクの空港にて。

EPISODE 006　　　　　　　　　　　　　　　　　旅ゴコロ。

ヘルシンキ近郊に住むおじいさんの家の窓辺はレースのカーテン。

1）2）3）
4）5）6）

1）光を浴びて眩しそうな居候ネコその2（名前はショウ）。
2）豊島屋の「名所まんじゅう」。鳩のしっぽは左隣りのネコに齧られた。
3）近所に咲く、なんともかわいい色合いの梅の花。
4）「名所しるこ」、これも豊島屋。
5）梅のモチーフ。井上蒲鉾店の「梅花はんぺん」。
6）小松屋本舗の「大仏さま」。美味。

MAY,
2009

EPISODE 008

大仏さま。

　都内のマンションから、はるばる鎌倉の一軒家に引っ越して早2年になろうとしている。引っ越す前、鎌倉は観光地というイメージで、そこで生活する自分をうまく想像することができなかったのに、2年もたつと町にも通勤にも慣れ、どうにかこうにか暮らしていることに我ながら驚いてしまう。
　それにしても実際に住んでみて改めてわかったのは、やはりここは大観光地だということ。以前住んでいた場所も人が集まる所だったけれど、そことは規模が違う。週末ともなれば駅から鶴岡八幡宮方面には近づきたくないほど人が溢れているし、駅も大混雑している。こんな光景を目にする度に、観光地に住んでいるんだということをつくづく実感するのだ。
　さて観光地鎌倉のお土産と言えば豊島屋の鳩サブレー。本当にかわいらしい形をしているなと見る度に思う。でも鳩サブレーは鎌倉でなくても買えるけれど、本店でしか買えないものがある。鎌倉の名所を象った人形焼きで、その名も「名所まんじゅう」。もともとモチーフ好きゆえ、人形焼きに愛を感じてしまう性質なのだが、そのなかでもお気に入りなのが大仏さまのおまんじゅう。高校の修学旅行で訪れたこともある長谷の高徳院の大仏さまは、やはりこの地のスーパースターらしく、駅の売店にも大仏キャンディやせんべいが売られているし、長谷駅前の瓦せんべい屋にもやさしいお顔の大仏まんじゅうがあったりする。そういえば引っ越した当初はうれしがって、大仏さまの絵はがきをよく買って出してたなぁ。どうしてだか大仏さまに惹かれてしまう。お姿が愛らしいから？　もしくは自分がチビだから大きなものに憧れてるのかしら？　はてさて……。

I'm into...

東村アキコ先生の漫画が面白い件について〜、友人と盛り上がっています。電車で漫画を読んでいたサラリーマンが思わず吹き出した瞬間も目撃！

JULY,
2009

EPISODE 012

I'm into...

今回の写真を担当編集者I氏に渡したら「岡尾さんで"テツ"ですか」と聞かれたのですが、いえいえ"鉄"分低いです。『世界の車窓から』は大好きですけど。

新幹線に乗って。

　仕事で関西方面に行く時の交通手段はもっぱら新幹線だ。最寄りの新幹線の駅は新横浜なので、近頃は崎陽軒の「シウマイ弁当」をお供に乗り込むことが多い（朝からシュウマイを食べる女ってどうなのよと、自分に突っ込みを入れつつ、ですけど）。

　電車が発車し、お弁当を食べている間に、窓からの景色は段々とのどかなものに変わってゆく。同じ形の家が建ち並ぶ新興住宅地を過ぎ、茶畑を抜け、田んぼが広がるという風に。窓からの景色は一見同じように見えるけれど、季節や天気、時間帯によって違う表情を作るから、つい飽きずに眺めてしまうのだ。

　それにしても新幹線のスピードの更新たるや「ぬを～ッ(byまやや)」といった感じで、今や新大阪まで「のぞみ」だと約2時間20分。なんて速いの～と、改めて驚く。だって私がほぼ毎日乗っている在来

EPISODE 012　　　　　　　　　　　　　　　　　　新幹線に乗って。

線の「湘南新宿ライン」だと、渋谷ー鎌倉間は53分ですよっ！ しかもこれだってかなり速いと思うのに……。
　……話題を戻すと、私がいつも乗るのは「のぞみ」なのだけれど、金沢の21世紀美術館に名古屋経由で行くことがあり、乗り換えの都合で久しぶりに「ひかり」に乗った。その時ふと思ったのだ。いつも見ている景色と違うと。同じ所を走っているのに、何かが違う。しばらくしてから、ああ、速さだと、気がついた。窓の外の景色が流れていくスピードがあきらかにゆっくりしてる。速さが違うだけで（と言っても「ひかり」だって超特急なのに）、見るものの印象がこんなに違うのかと、その発見が妙に新鮮だった。時間優先の選択をしているとこんなことにも気づかないのかもしれないと、いつもの「シウマイ弁当」をもぐもぐ食べつつ、いつになく真面目に考えてしまったよ。

1）2）3）4）5）6）

1,2）
条件はあるものの、ネットが使えるようになった「のぞみ」N700系。便利一筋。車体のブルーのラインを、キッチンクロスみたいと、雑貨好きは思うのかしら。

3）
思わずジャケ買いした時刻表。買っちゃうでしょ、これ。

4,5,6）
神戸、淡路屋の「新幹線弁当」。0系のは神戸の知人にわざわざ送ってもらった。

＊"まやや"とは、講談社『Kiss』連載の漫画『海月姫（くらげひめ）』に登場する三国志オタクの人。

1） ティーコゼで遊ぶショウ。上から見るネコってかわいい。
2） うちのコモもこの薬袋の絵みたいに薬を飲んでくれればいいのに。
3） ぼんやりした庭の景色。

AUGUST,
2009

EPISODE 014

ネコと暮らす。

　以前この連載にも登場したことのある居候ネコ2匹を、飼い主から引き継いで正式に飼うことになった。雑種でタキシードを着てるような"白黒"兄弟ネコで、名前はダイ（大）とショウ（小）。去年の夏に墓地に捨てられていたところを元の飼い主に拾われた、運のいいコたちなのだ。書き足しておくと、その時の2匹のサイズの違いが名前の由来で、トイレとは関係ないので念のため（笑）。

　今まで何度もネコを預かったことはあったけれど、自分で飼うのは初めてのことで、しかも子ネコと接するのも初めてだったので、最初はあまりの元気の良さに正直驚いてしまった。

壁よじ登り（クライミングの域だった）、夜中のかけっこ、脱走、お気に入りのポットが粉々に……と、事件にはこと欠かぬ日々。特に小さいほうが窓からするりと脱走した時は本当に焦った。その時はまだ預かりネコだったから、事故にあったんじゃないか、このまま戻らないのではと、悪いことばかり頭に浮かんで、本当に気が気ではなかった。キャットフードの入ったお皿を振りつつ近所を探しても見つからなくて、途方に暮れていたところに、ふらっと戻って来たからよかったんですけどね（ホッ）。その後、今度は大きいほうが病気になって動物病院に連れて行ったりと、ペットを飼っていなければ知らなかったことを次々と体験しているかんじ。それにともなって"責任感"という言葉が頭をよぎるようになった。

　ペットってかわいいだけではないんですよね。心配したり、不安になったり、この先もっといろんなことが起こるんだろうな。ともあれ末永く、仲良く暮らしていきましょうと、横にいるネコに話しかけたら、知らんぷりされてしまった。

I'm into...
何だか忙しくて、庭の手入れもままならぬ日々を送っています。そんなほったらかし状態の庭でもピンクの紫陽花とエキナセアが満開に。

EPISODE 014　　　　　　　　　　　　　　　　　　ネコと暮らす。

4）高知の実家から届いた黄色い小夏。
5）家にネコグッズが増殖中。
6）観念した表情が可笑しいおもちゃ。

　　　　　　　　　　　　4）　5）　6）

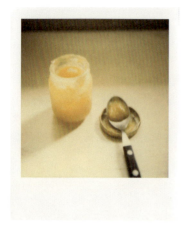 

SEPTEMBER, 2009

EPISODE 015

朝ご飯。

普段、私の目覚ましは6時半に鳴る。起きてからすることは、まずベッドメイキング（といっても枕と布団を整えるだけの）。晴れていれば家中の窓を開ける。それからネコに餌をあげてから、キッチンに行き、変わらないようでいて、日々少しずつ変化する庭の景色を眺めつつ（今はブロンズ・フェンネルの黄色い花が咲いてる）、ぐらぐらに沸かした白湯を「ずずーっ」とすする。ほぼ毎日こんなかんじ。

白湯を飲み終えたら、簡単な掃除をしたり、新聞を読んだり、メールのチェックをしたりして、そうこうしているうちにおなかも空いてくる。いつも晩ご飯が遅いので、朝ご飯を食べたくなるまでにこういう時間が必要なのだ。

以前「朝ご飯に何を食べますか」という取材の依頼があった時に、そういえば何を食べてるんだっけと、すぐに返答できないことがあっ

I'm into...
今朝はインドの丸い豆のコーヒー（種類は？）と、昨日の晩ご飯の残りの、なすのカレーをガツンと食べました。朝カレーは、かなりヘビーでした。やっぱし。

朝ご飯。

た。というのも毎朝決まったものを食べているわけではなくて、晩ご飯の残りとか、冷凍してあったパン、頂き物のお菓子、そんなものを適当に食べているかんじだから。人から見れば、かなりいい加減な朝ご飯かもしれない。時々きちんとした朝ご飯を食べようと、ご飯を炊き、出汁をとったお味噌汁を作ってみることもあるけれど、だいたい三日坊主で終わってしまう。

　こんな私の朝ご飯事情の中、最近のお気に入りは冷たい牛乳とシリアルの朝ご飯。これが夏の朝にぴったりだということに気づいたのは、ずぼらな私にとってはうれしい発見だった。もうひと工夫してアイスクリームを足してみようという冒険心もあったりするのだが、おいしいのかな、果たして？（ちなみにトースト＋アイスはおいしいですよ）。

1) 2) 3) 4)

1)
近所に住む友人がプレゼントしてくれた、手作りのレモンカード。こっくりかわいらしい黄色。

2)
店で売っているジャマイカのパン「バン」をトーストしてみた。

3)
カメラマンの松原博子さんにもらったジャム。

4)
そういえばシリアルも頂き物だった。ひょっとして私の朝食ってもらい物ばかり？

1） 2）
3） 4）

1） スキージーという窓ガラス用ワイパーがあると、窓拭きは格段と楽になる。
2） チビバケツには使用済みのクロスを。
3） 最近買ったエプロン。「掃除気分盛り上げ作戦」ってことで。
4） 自分らしくないと思いつつ、ロマンティックな柄のアームカバーを愛用中。
　　長袖シャツで洗い物をする時に超便利。

SEPTEMBER,
2009

EPISODE 016

窓を拭く。

　日々の暮らしの中で苦手とするものは数々あれど、何が一番かと聞かれたならば、真っ先に挙げるのはこれ、「お片付け」。
　恥ずかしながら、机の上で本や書類の雪崩や遭難（？）が起きたり、クローゼットの中が（ど）えらいことになってたりするのは日常茶飯事。いやあ、本当にだらしがない。なので時々猛省して大掃除を始めるのだけれど、ある部分がきれいになると、今度は違う場所が散らかってしまう。どして？　これって怪奇現象？　なんてね、要するにものをただ移動させてるだけで、根本的にはなにも片付いていないといことなのだ。
　以前、きれい好き且つ掃除上手の友人に「どうしたら部屋をすっきりさせられるんだろう」と聞いたことがある。その時返ってきたのは「出したものは元の場所に戻せばいいのよ」というシンプルな答え。なるほどと納得したものの、それを実行し続けるのは結構難しい。でもいつも意識するようにはなったから、前よりは片付けられるようになってるはずなんだけど（おかしいなあ）。
　今年になってまた同じような質問を違う人にしてみたら、今度は「まず窓を拭くこと。それでずいぶん印象が違うから」という答えが返ってきた。なぬ、窓拭きとな。実は私、窓拭きだけは得意なのだ。だから近頃は窓ガラスだけはまめに拭くようにしていて、クリアな景色を眺めながら、ピカピカな窓ほど気持ちのいいものはないと1人悦に入っているのだけど、その窓の手前にある机の上は相変わらず散らかってるわけで、なんともアンバランスだなあと、我ながら思う。だけどきれいな光が入る部屋の気持ち良さに気づいたこの頃、以前よりも掃除ゴコロが盛り上がっているのは確かなのだ。

I'm into...

知人に勧められて読んだアンソニー・ドーア著『シェル・コレクター』（新潮社）という短編小説集がとても面白かったです。他の物語も読んでみたい。

OCTOBER,
2009

EPISODE 017

お昼寝。

　眠い。とにかく眠い。冷夏だったとはいえ、夏の光を沢山浴びた疲れがここに来て出たのか、何だか無性に眠たい気持ちの今日この頃。皆さん、いかがお過ごしですか。

　そんな夏疲れのせいか、最近の休日は遅い朝ご飯、もしくは早い昼ご飯を食べた後にそのままソファにもたれかかって、ついうとうとしてしまうことが多い。ああ、また太ってしまうと思いながらも、この怠惰な誘惑に抗うことはとても難しい。

　面白いのは私がうつらうつらし始めると、いつの間にか2匹の同居ネコもそれぞれの定位置で昼寝を始めることだ。1匹はソファの端っこ、もう1匹はその上にある窓辺で。眠い空気が伝染するのかしら、じっと目を閉じ、まるで置物みたいに動かなくなる。そんな様子をぼんやり眺めつつ、ネコがまぶたを閉じた横顔は笑ってるみたいだなあと思ったりしながら、私も眠りに落ちてゆく。くーすか。くーすか。

　大体1、2時間経った頃、近所の子どもの遊び声や、つけっぱなしにしていたTVの音（たいていはCSのミステリチャンネルがついてる）で目が覚める。ふとネコを見ると、ネコも寝ぼけ眼で私を見てたりして、そのぼやっとした顔もまた可笑しい。

　それにしても昼寝の眠りは意外に深いのか、起きた時にはかなり体がリフレッシュされているような気がする。ただここで気をつけなくてはならないのは、絶対に二度寝しないこと。目覚めた時に日が暮れてたりしたら、せっかくの休みが無駄に終わってしまうし、何だか人間失格のような気持ちになってしまうから。それに昼間に寝すぎると余計に疲れちゃう（と思う）。今はまだしも、これからはどんどん日が短くなるから、そこんとこご注意ですよ。

I'm into...
"おしゃれゴコロ"に誘われるまま、展示会でオーダーしていた秋冬物の服が届き始めました。うれしい反面、お財布は悲鳴を上げそうな予感。ドキドキっ。

EPISODE 017　　　　　　　　　　　　　　　　　　　　　　　　　　お昼寝。

昼の"魔の刻"は昼ご飯の後の1時ぐらい。

1) ヒツジが1匹、2匹……、数を数えてたら眠くなっちゃいそうな
　　ティータオルはフロム スコットランド。
2) お昼寝の後には一晩水出しした、冷たいアイスコーヒーをゴクン。

EPISODE 017　　　　　　　　　　　　　　　　　　　　　　　　　　お昼寝。

まるで人間のような無防備な寝姿に、こちらもついつい眠気を誘われてしまう。

松ぼっくりモチーフのキリム。

DECEMBER, 2009

EPISODE 021

冬のインテリア。

　家で過ごす時間が長くなるこの季節、部屋のインテリアに色を足したくなるのは私だけだろうか。夏ならばパリッとした白い麻やコットン素材のものを置きたくなるように、温かそうに見える芥子色や茶系のものをプラスしたいなと思う。

　例えばインテリアショップのディスプレイに使われているのを見て一目惚れしたキリム。ベージュから焦げ茶へのグラデーションと芥子色の色合いは、土の上に積もった枯れ葉のイメージ。そのせいかこのキリムを床に敷くと、土の匂いがしそうなかんじがする。

　ブルーと茶の配色のリズミカルなハンドペインティングの花瓶は、ブルームズベリー・グループが集ったチャールストン・ファームハウスに飾られていそうと思ったもの。夏に紫陽花や向日葵をこんもりと生けるのも似合うのだが、冬には何も挿さずに、そのまま飾るほうがいいような気がしてる。横にはボロボロになったパナマ帽を何となく合わせたりして（つむじ曲がりなので、違う季節感のものを合わせる、ミスマッチなインテリアが好みなのだ）。

　他にも窓の外の緑がなくなって殺風景になった窓辺に無垢の木のボウルを置いたり、3人掛けゆえに大きな白いソファにカフェ・オ・レ色の毛糸のクッションを配置したり、ウールのブランケットをそこかしこの椅子にやたらと掛けるといった具合に部屋の中を冬仕様に変えてゆく。別に大げさなことをするのではなく、色と素材で温かな印象のものを足していくというかんじで。

　こんな風に自分のイメージするインテリアを作っていくのはとても面白い作業だと思う。ワードローブ計画を立てるように、インテリアにも冬支度をさせてみてはどうだろう。

I'm into...

靴下を重ねて履く冷えとり健康法を地道に続けています。冬はレギンスに腹巻き（色気ない〜）、レッグウォーマーと重ねるものも、もれなく増量中（？）です。

1） 庭仕事用のパナマ帽。ボロボロだけどお気に入り。
　　私にとってはこれもインテリアの一部になる。
2） 我が家の"ブルームズベリー"。コペンハーゲンからハンドキャリーで持ち帰った。

EPISODE 021　　　　　　　　　　　　　　　　　　　　　　　　　冬のインテリア。

神戸の古着屋で見つけた木のボウル。ころんとした底の丸みに惹かれて。

DECEMBER, 2009
EPISODE 022

コーヒーと朝練。

　知り合いからコーヒー豆をもらった。京都のオオヤコーヒ焙煎所のもので、豆の種類はインドネシア・マンデリンの中深焼き。朝はその豆をミルで挽いて、コーヒーをいれている。それがとてもおいしい。
　新鮮な豆を挽いて、丁寧にいれたコーヒーはおいしい。こんな風に書いてしまえばあたりまえのことなのだけれど、実はそれがなかなかできない。コーヒーをいれる時間なんて、お湯を沸かし始めてから10分もあれば十分なのに、そんな時間を惜しんで他のことも一緒にしようとしてしまう。それで集中を欠き、お湯を注ぐタイミングを見失って失敗してしまうことになる。そうなることは分かっているのに、貧乏性なのか、落ち着きがないのか、あるいはせっかちなのか（なんとどれも当てはまる。いやはや）、朝の慌ただしい時間ということもあり、つい時間を有効に使わなきゃと欲張ってしまうのだ。

EPISODE 022　　　　　　　　　　　　　　　　　　　　　　　　コーヒーと朝練。

　友人から教えてもらったのだが、なにかひとつのことと、別のことを切り替えながら行うことを"マルチタスク"というのだそうだ。どうやらおいしいコーヒーをいれるにはそれではダメらしい。落ち着いてひとつのことに集中せねば、だ。私の場合、コーヒーに限ったことではないのだけれどね。

　冒頭の頂き物のコーヒー豆はこんなことを意識しながら、いつもより丁寧にいれるように心がけている。

　最初にお湯を注いだ場所がぷくっと膨らんだら、様子を見ながらお湯を注ぎ足していく。「あっ、パンも焼かなきゃ」なんて気持ちは封印して（笑）。これはひとつのことに集中する"訓練"になるかもと、コーヒーをいれてる今日この頃。精神的な"朝練"ってことですかね。

1）2）

1）
頂き物のコーヒー豆。

2）
最近コーヒーを飲む時に使っているのは、福田るいさんのカップ。

I'm into...

上のカレンダーは『365 CATS』という日めくりのもの。来年まで待てずに、禁断の先見をしてしまった……。我慢も足りん、オカオです。

EPISODE 022　　　　　　　　　　　　　　　　　　　　　　　　　コーヒーと朝練。

3）ネコおばさん化が進行中。来年のカレンダーはネコ日めくり。
4）水飲むネコ。
5）朝食にフルーツがあるとうれしい。洋梨のころんとしたかたちが好き。
6）家のキッチンクロスがかなりくたびれてきた。買い足さなきゃ。

　　　　　　　　　　　　　　　　　　　　　　　　　　　　　　　　3）　4）　　5）　6）

JANUARY,
2010

EPISODE 023

I'm into...
冬のロンドンに来ています。さぞかし寒いかと思いきや、コートを着ていると汗ばむ時もあるくらいで、地球温暖化の深刻さを感じています。

うれしくなるもの。

　年末年始は何かとギフトをもらったり、あげたりすることが多い時期。私の場合はなぜか12月生まれの友人が多いので（自分も含めてなので、類は友を呼ぶのかしら）、誕生日プレゼントでも頭を悩ます。

　お世話になった人へのお礼には、お菓子かお酒。誕生日プレゼントだと、お花、ボディケア用品、もしくはウールのソックスみたいな温かさのある小物、こういうものが自分のギフト選びでは定番になっている。ただ買い物をする時にひとつ気にしているのは、なるべくラッピングが素敵な店を選ぶということ。プレゼント自体も重要だけれど、それを開けるまでの楽しみも贈り物のひとつだと思うから。それに正直に言えば、ラッピングが苦手で自分ではできないという理由もあったりして（もじもじ）。

　さてさて、近頃、私がキュンとした素敵なパッケージのものと言え

EPISODE 023 うれしくなるもの。

ば、伊勢丹新宿店の食品売り場にあるドイツのバウムクーヘンの店ホレンディッシェ・カカオシュトゥーベ。白地にブルーのデルフト風なタイル柄の包装紙や、マーガレットのデコレーションのケーキに、「なんてかわいいんだろう！」と、顔がほころんでしまった。もうひとつはフランスの発酵バターで有名なエシレ・メゾン デュ ブールの、バターのラベルをシンプルにデザインした箱もかわいらしくて、その箱欲しさに思わずレジ待ちの長い列に並んでしまった（かわいいものを手に入れるって大変……）。並びながら思ったのは、こんなお菓子をプレゼントされたらうれしくて、幸せな気持ちになるだろうなってこと。そしてかわいいものには人をうれしくさせるパワーがあるんだということも再確認。

"かわいい"って、実はすごいことなんですね。

1）2）3）4）5）6）

1,6）
ホレンディッシェ・カカオシュトゥーベの「マルガレーテンクーヘン」！

2）
これはスコッチのドーナツ型のメンディングテープ。2009年の12月に発売されたものだけれど、この年の「オカオ雑貨大賞」はこれ。

3,4,5）
開けても、また開けてもかわいいの（そして最後はおいしいの）。

1） 2）

1） 宿泊先の窓の風景。
2） 最終日はLewesという村に1day trip。

FEBRUARY,
2010

EPISODE 024

ロンドンにて。

　ロンドンに行ってきました。
　およそ4年ぶりのロンドンは、モダン志向にますます拍車がかかったようで、まるでNYみたいになっちゃったな、という印象。
　行くたびにのぞいていた、お気に入りのよろず屋が跡形もなく消えてたり、オールド・スピタルフィールズ・マーケットも再開発されてピカピカになっていたりと、古いロンドンの面影が少しずつ消えていくことに淋しい気持ちになったりして……なんて、旅行者の勝手な感想なんですけどね。

今回街を歩いていて目についたのは、子ども部屋やお誕生日会をイメージさせるディスプレイ。ギンガムチェックや、ピンク、ペパーミントグリーンといったパステルカラーのテキスタイルを使った三角フラッグや花柄のクロス、古き良き時代と言うと時間を遡り過ぎかもしれないけれど、幸福な時代というか、モダンとは逆行する懐かしい生活を感じさせるアイテムを使ったスタイルが目立っていた。しかもこういうテイストを好んで使っていたのは若い世代だったのも面白いと思った。土曜日に立つブロードウェイ・マーケットもこのタイプの店が多かったし、みんな"おしゃれで格好いいもの"に辟易しているのかしら、ひょっとして。私だってしゃれた店ばかり回っていると、「もうオシャレはええねん(なぜか関西弁)」って、暴れそうな気持ちになるもの(笑)。

さてさて、最後に。今回の旅行でいちばん印象に残ったことはというと、それは「free range egg(放し飼いの鶏のたまご)」。スーパーマーケットやレストランのメニューで何度も目にしたせいか、妙に刷り込まれてしまった。いつもながら、なんだかな、な感想でスミマセン。

I'm into...
普段あまり卵を食べないので、"放し飼いたまご"は結局口にせず帰ってきました。そのせいか妙に卵が食べたい気持ちの、今日この頃です。

EPISODE 024　　　　　　　　　　　　　　　　　　　　ロンドンにて。

1）　2）　3）
　　　　　4）

1）
ロンドンはフラッグブーム？

2）
ブロードウェイ・マーケットのラブリーなケーキ！

3）
クエーカー教の施設で買ったマグカップ。

4）
スーパーで買った牛乳。空き瓶を持って帰りたかったけれど、重くて断念。

EPISODE 025

お鍋。

　ふと気づけば、朝夕の日が少しずつ長くなっていて、春が近づいているんだなと感じるこの頃。でもまだまだ寒さは厳しくて、温かいお料理にホッとしたりする。酒粕がおいしいこの時期にぴったりの鍋「酒粕豚しゃぶ」を、料理家の冷水希三子さんに教わった。
　関西と鎌倉をベースに仕事をしている冷水さんが、鎌倉で友人とシェアして借りている家は、築80年（！）という趣のある日本家屋。夕暮れ時、庭のすぐ脇を通り過ぎる江ノ電のガタゴトという音をBGMに、お鍋がスタート。
　島るり子さんの耐熱の大皿を土鍋にして、まず最初は昆布のだし汁でお豆腐のみを煮ていただく。味付けはポン酢（もちろん手作りの、昆布だしがきいたやわらかな味）、黄ニラとごま油を混ぜ合わせたものなど。シンプルにお塩をパラッとかけてもおいしい。次は同じくだしでシンプルな豚しゃぶ。これには葛のあんを絡めて。こういう食べ方は初めてだったので新鮮！やさしい味でいくらでも食べられそうだけれど、次の酒粕の豚しゃぶがメインだから、ほどほどにしておかなくちゃ。
　さて、いよいよ本日のメインイベント。丁寧に酒粕を溶かした鍋に、白菜の古漬けとネギを入れ、豚肉をくぐらす。酒粕でしゃぶしゃぶにしたお肉は、まろやかだけれど濃厚な酒の旨味が足されて、大人なおいしさ。これにまた古漬けがあうんだな。交互に、はふはふと食べつつ、日本酒を飲んでたら、すっかりいい気持ちになってしまった。鍋の最後は、ごはんとチーズを足してリゾットに。私はすっかり満腹。しっかり酔っぱらい。鍋を囲んだ仲間も満たされ顔でぼやんとしてる。冷水さん、今日もごちそうさまでした。

I'm into...
酒粕は日本酒を搾る時にできるもので冬が旬。低カロリー、それにビタミンやミネラルが豊富なので体に良いものらしい。以上、プチ情報でした。

EPISODE 025　　お鍋。

1 ）お肉は湘南の「みやじ豚」。肩ロースとバラ肉を白いお皿に盛るとまるでイタリアンみたい。
2 ）ひなびた雰囲気のシェード。
3 ）粉引きの大皿に、白菜の古漬けとネギをたっぷりと盛って。
4 ）台所で私の憧れの銅鍋を発見。
5 ）ふっくらとした酒粕。
6 ）手塩皿とレンゲをコーディネート。

1)　2)　3)
4)　5)　6)

パリジェンヌの家で素敵なティータイムの巻。

APRIL,
2010

EPISODE 028

お茶飲み。

「さあ、お茶にしましょう」。仕事の合間や、気分転換したい時に、こう声をかけられると、つい顔がにんまりとしてしまう。というのも、私、自他ともに認める"お茶飲み"な人なんです(……なので朝日新聞の日曜版に掲載されていた、安野モヨコさんの『オチビサン』に出てくる"パンくい"に一方的な親近感を持っていたりする)。

家でも外でも、「ひと休み〜」と称して何度もお茶を飲む。この連載の原稿を書いている時も、TVで『名探偵ポワロ』を観ている時も、私の横には、たっぷりとお茶が入ったお気に入りのマグカップが置いてある。外出先でも仕事に煮詰まったり、疲れた時には、ついふらふらと喫茶店やコーヒーチェーン店に入ってしまう。きっと月にかかるお茶代は、うちの食費の結構な部分を占めてるかもしれない(と、想像する……ムムム)。

普段、私が好んで飲むのはブラックコーヒー、もしくは牛乳を多めに入れたカフェ・オ・レ。家では紅茶を飲むことも多いけれど、外ではおいしい紅茶を出す店に当たる確率はかなり低いと思っているので、「ここは大丈夫」というところでしか頼まない。まずいコーヒーは平気なくせに、紅茶に関しては意外と慎重派なのかも。

そういえば、以前友人たちと食事をしている時に「人生の最後に何を食べるか」という話で盛り上がって、「おいしい紅茶」と答えたら、「気取ってる」と大ブーイングを受けたことを思い出した。その時は真面目にそう思ったのだけれど、いま思い返すと確かに気取っていたかも(笑)。でも丁寧に淹れたおいしい紅茶というのも、悪くない選択なんじゃないかと思うんだけどな。さて皆さんは、どう思います?

I'm into...
ものすごく疲れている時はなぜか缶コーヒーが飲みたくなる(銘柄は特になし)。缶コーヒーって肉体労働者的な飲み物なのかな。甘さが沁みるわ。

1）パッケージがチャーミングなハーブティー。
2）おいしいコーヒーのために買ったミル。
3）ジューン・テイラーのフレッシュな味のするマーマレード。
　　これは紅茶と一緒に。
4）ネコ、のんびり中。
5）お茶とは関係ないけれど、気になるカーテンの家。

EPISODE 028　　　　　　　　　　　　　　　　　　　お茶飲み。

EPISODE 031

ベージュ色の食器。

　食器棚を開けるたびに思うことがある。「なんて地味な食器ばかりなんだろう……」。もちろんどれも好きで選んだものばかり。なのにそう思ってしまうのは、白や焦げ茶やベージュといった単色の食器がほとんどで、柄があるのはアラビアの「パラティッシ」というシリーズと染め付けの食器ぐらい。だから何となく印象が重くなってしまうのかもしれない。

　白はアメリカの業務用。焦げ茶の食器はアラビアの「ルスカ」や漆のお椀。一番ボリュームがあるのは、ベージュ色の食器で、ウエッジウッドの「DRABWARE」をはじめ、昔のラルフローレンのホームコレクションのもの、それにイギリスの昔ながらの陶器などだ。中間色の食器ってめずらしいなと思って集め始めたものが徐々に増えてきたといったかんじ、かな。

　でも一概にベージュと言ってもいろんな色がある。例えば「DRABWARE」はくすんだオリーブ色にも見えるし、イギリスの陶器は黄色がかっていたりする。でも少しずつ色目が違うベージュ（と、くくってしまうけれど）が並んでいるのも、ニュアンスがあってなかなかいいものだと思う。最近、新たにコレクションに仲間入りしたのは、アメリカの通販サイトで見つけた「DRABWARE」のカップ＆ソーサーとパン皿（現在、入手するにはネットやアンティークフェアなどで探すしかない）。航空便だったのであっという間に届いたものの、本体よりも送料のほうが高くついてしまって苦笑い。でもうれしくて早速、届いたばかりの食器でミルクティーとビスケットのお祝いをしてしまった。それにしても、海外通販って初めてだったのだけど、簡単でくせになっちゃいそう。ちょっと怖いなあ（笑）。

I'm into...

NHKの『ゲゲゲの女房』を毎朝楽しく観てます。水木しげる役の向井理が着ているエルボー・パッチのセーターとか、衣装のニットに注目しています。

EPISODE 031　　　　　　　　　　　　　　　　　　　　　　　　ベージュ色の食器。

台所のシンクで食器を洗っているところ。
シンクが茶色のホウロウなので、ベージュの色目と合うのが、ちょっこし（by出雲弁）うれしい。

EPISODE 031　　　　　　　　　　　　　　　　　　　　　　　　　ベージュ色の食器。

1）こちらnewなカップ＆ソーサー。
2）DRABは（くすんだ）鳶色のとか、（さえない）茶色のという意味。
3）三温糖の優しい茶色も好きな色のひとつ。
　　Ballの古い保存ビンの質感によく似合う。　　　　　　　　　　　　1）　2）　3）

OCTOBER,
2010

EPISODE 033

オールドファッション。

　ロッキングチェア、小花柄のキルトが掛けられたベッド、それに手編みのクッションが並べられたソファ。時代に取り残されたような、でもどこか懐かしいような感じもする空間……。そんな、"オールドファッション"な雑貨やインテリアが気になっている。そのせいか自分の家にも、ちらほらとそんな雰囲気のアイテムが増えてきた。最近、朝に好んで使うマグカップもカントリーテイストのものだし、ヘンテコな鴨柄（！）の丸い座布団なんかも仲間入りしたりして。

　インテリアのイメージは手芸好きなおばあさんが住んでいる一軒家。長い間、こつこつと作り続けたものを家中にたくさん飾ってあるという感じかな。それもどこまでも飾り続けるというか、「えーっ、こんなところまで飾るの！」っていうくらい隙間なく、デコラティブに（笑）。鈍い青や緑といった古くさい色の毛糸で編んだモチーフ編み

I'm into...
日々、慌ただしく過ごしていたら、もう夏も中盤でびっくり。撮影では高原や公園、海といろんな所に行ってますが、遊びではないのが辛いとこ。ふぅ〜。

オールドファッション。

のベッドカバーや、裂き織りのラグなんかがあると"オールド"な気分も益々盛り上がりそう。そんなアイテムが心地よく、くつろげる部屋の雰囲気に繋がっていけばいいなと思う。

ところで"オールドファッション"といえば、まず思い出すのはドーナツなのでは。私も好きで、チェーン店のドーナツ屋では、まずそれを選ぶ。というのも、昔ながらの味はやっぱり安心でおいしいと思うから。考えてみると、こういうテイストのインテリアに惹かれるのもそれと同じことなのかも。家庭的で、ある意味定番（なデコレーション）の世界。どこかに必ずあるものというか、消えないもの。そこに懐かしさを感じるのではないかしら。

そんなことを考えながらドーナツをもぐもぐと食べている次第。やっぱりこれが安定のおいしさなり、よ。

1）2）3）4）

1）
手作りの「OLD-FASHIONED STRAWBERRY JAM」。昔ながらのしっかり甘いジャムでした。

2）
カップボードに並ぶ花柄のカップ。くすんだピンクのバラ柄に惹かれます。

3）
オーブンもこんなにおめかし（？）されて。

4）
写真はすべてカナダ、プリンスエドワード島で見つけたおばあさんの経営するB&B。ここはまさに"オールドファッション"な空間だった。

1) これがお気に入りのティッシュ。値段は1オーストラリア・ドルだったそう。
2) 真面目にネコのためのグッズも探しています。目下、探し中なのはこんなバケツ型のフード（エサ）入れ。

NOVEMBER,
2010

EPISODE 034

ネコおばさん。

　ネコと暮らすようになってから、自分の「ネコおばさん」化が、急激に加速しているなと感じる、今日この頃（ちなみに、ネコに普通に話しかけるようになったら、妙齢以降のあなたはもう「ネコおばさん」、かも）。"加速"の度合いは、家の中のネコグッズの増加にも表れている。ただネコグッズといっても、本来のネコのためのものではなく、ネコの絵が付いていたり、モチーフだったりという、あくまでも人間向けのグッズのこと。なんだかそんなものが家の中に、少しずつ、でも確実に増えてきたのだ。しかも前回この連載に書いた、古くさい、ちょっとヘンテコ、しかもダサイ、みたいなものが気になるっていうのが、自分でも微妙だなと思う……。

　その中でも目下一番のお気に入りなのが、アシスタントからオーストラリア土産にもらったネコのティッシュ。箱の4面がそれぞれ違うネコのポートレートになっているのだけれど、これが凄いのは、どの写真のネコもかわいくないこと（本当なんですよ！）。デザインを担当した人はネコが好きじゃなかったんだろうな、と思わせるくらいに。でも、そのかわいくない写真がかわいいと思う、あまのじゃくな私。中のティッシュがなくならないように、大切に、健気に（？）使っているのだ。
　もうひとつ、3匹のネコ柄のクッションも最近我が家にやって来たもの。目が"ばちばち"っと描かれているのが、なんともキュート。お約束のピンクの毛糸玉もいい感じ。
　ただこの調子でグッズが増えていくのは、いろんな意味でかなり危険な気がする。でも「ネコおばさん」は止まらない。いや、止められない。それがネコ好きの運命なのかも……。

I'm into...
夏の間、庭のエキナセアが次から次に咲いて、目を楽しませてくれました。今はピンク色だけだけど、来年は違う色も植えてみようかなと思っています。

3）「ネコ好きさんへ」と知人からプレゼントされたポール＆ジョーのリップスティック。
4）ラブリーなクッション。
5）ティッシュケースの裏面。ほら、かわいくないでしょ（笑）。

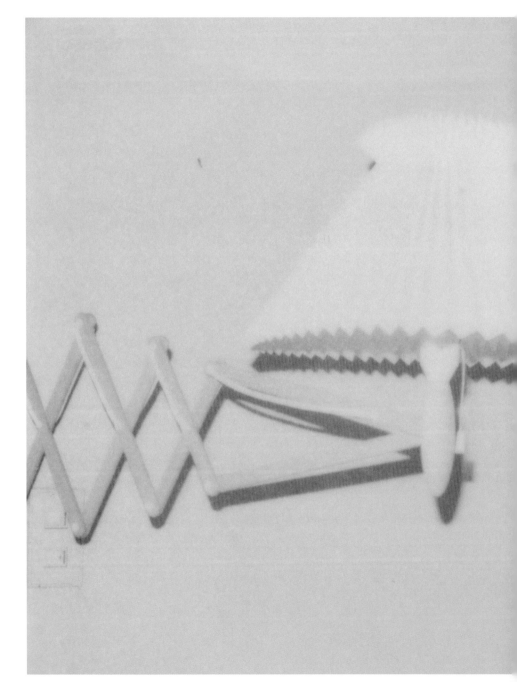

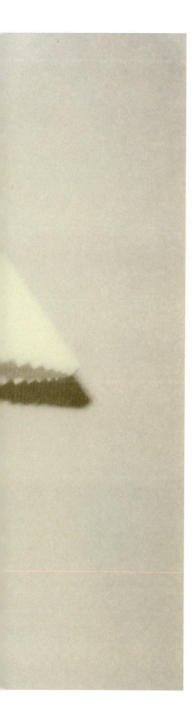

(2011 --- 2014)

EPISODE 036　　裂き織りマット。
EPISODE 037　　クリスマスオーナメント。
EPISODE 038　　ブロカント。
EPISODE 042　　金熊荘にて。
EPISODE 043　　月の道。
EPISODE 045　　免疫力。
EPISODE 047　　ロンドンでお買い物。
EPISODE 049　　ランバー・ジャック。
EPISODE 050　　台所にて。
EPISODE 051　　かるたとクマ。
EPISODE 052　　ネコと黒ネコ。
EPISODE 055　　最近のお買い物。
EPISODE 058　　フィギュリン。
EPISODE 061　　リーチ・ポタリー。
EPISODE 063　　イニシャル。
EPISODE 064　　オーチャード。
EPISODE 067　　お風呂グマと洗濯グマ。
EPISODE 068　　サプライズボール。
EPISODE 072　　ブッチャーストライプ。
EPISODE 073　　静謐な世界に憧れて。
EPISODE 074　　庭とネコ。
EPISODE 075　　キッチン。
EPISODE 081　　わくわく。
EPISODE 082　　どうでもいいもの in ベルリン。

JANUARY,
2011

EPISODE 036

I'm into...

アキさんにマットの洗濯の仕方を聞いてみたら、普通に洗濯機で洗えばいいのよ、とのこと。帰国後、早速洗ってみたら、さっぱりときれいになりました。

裂き織りマット。

　久しぶりに訪れた9月初旬のストックホルムは秋が始まったばかり。まだ寒くはなかったけれど、頬を撫でる冷んやりとした風が気持ちよくて、異常な暑さの日本から来た身には、それがうれしく感じられたりして。

　今回の目的は（も、ですね。正しくは）撮影だったのだけれど、ロケでおじゃました家で"雑貨的"運命の出合い（！）をしてしまったっ（鼻息荒いかんじですよ、もう）。

　出合ったのは「裂き織りマット」。以前からスウェーデンやフィンランドのインテリア本を見る度に気になっていたのが、このタイプのマット。使い古した布を裂き、それを織って作ったもので、言ってみればリメイク。日本にもこういうものはあるけれど、独特の柔らかで甘い色目は北欧ならではだと思う。

EPISODE 036　　　　　　　　　　　　　　裂き織りマット。

　家に入った時から気になっていたこのマットのことを、撮影終了後に家の人に聞いてみると、なんと譲ってくれると言う。しかも2枚も！ そのうち1枚はスウェーデンのものだけれど、もう1枚はフィンランドに住んでいる彼女（アキさんと言います）のおばあさんが作ったもので、そっちは裂き織りではなくまた違った手法で作られているのだということも教わった。素人目には正直その違いがよくわからなかったけれど、どちらも"素敵"ということは間違いない。
　今まではソープフィニッシュの床にマットが何枚も重ねて敷かれている写真をうっとりと眺めるだけだったけれど、これからはそんなインテリアができるのがうれしくて、うれしくて。家の床はコルクだけれど、憧れのマットはついに我が家にやってきた。アキさん、ありがとう。タック！ タック！

1）2）3）4）

1）
これが裂き織りマット。家にきた1枚は奥の方のもの。もう1枚はいつかお披露目しますね。

2）
迷いネコの写真を見ていたら、コーディネーターが「そのビラはウソかも」という衝撃発言。そういう活動（？）をしてる人がいるのだそう。びっくり。

3）
おいしそうで、ついパチリ。

4）
へらとスプーンが一体化。合理的だわ、北欧は。

FEBRUARY, 2011
EPISODE 037

クリスマスオーナメント。

　フィガロ読者の皆さん、メリークリスマス！ この号が発売される頃には、12月1日から開け始めた"子ネコ"アドベントカレンダーも、あと数枚を残すのみ。クリスマスツリーやリースの飾り付けは遠い昔の話で、今はローストチキンの詰め物を何にしようとか、パーティで着る服のコーディネートで頭を悩ませているのではないかしら。でも、そんな風に世間の皆さまがクリスマス気分の沸点に近づく頃、ようやく私のクリスマス心はそわそわし始める、のだ。むふふ（注：これ、悪い笑い、です）。

　実はここ何年か、自分だけの小さな「お楽しみ」がある。シーズンを過ぎ、ディスカウントになったオーナメントをひとつ買う。こう文章にしてみると、なんともセコいかんじ（笑）。でも自分としては、オーナメントエイドのような気持ちも無きにしもあらずなんだけれど……。というのも毎シーズン、新しい形や色のクリスマスオーナメントが華やかに、そして大量に登場して売り場を賑わす。でもいつの間にかそれがオンからオフに変わって「売れ残り」というムードになっていくのを見ると寂しい気持ちになってしまう。中にはうんとかわいいコもいるのに、値段が高かったり、流行と違っていたりすると残ってしまうのかなぁ。

　最初はそんなコを救済しようと、上目遣いがたまんない、ガラス製の白クマを2匹購入。見れば見るほど彼らの表情がかわいらしくて、それを表現する技術にも素直に感心させられた。こんなことがきっかけで集め始めたオーナメントだけど、今や「エイド」というよりは、宝探し的な様相になっている。それがまた楽しいのだけれど、これってやっぱりセコいのかもね。テへ。

I'm into...
休日の新宿伊勢丹メンズ館にうっかり足を踏み入れてしまい、男達の熱い"おしゃれ心"に圧倒されてしまいました。それでは皆さん、メリークリスマス＆よいお年を！

EPISODE 037　　　　　　　　　　　　　　　　　　　　　　　　　　　クリスマスオーナメント。

1 ）このコ、白クマ。スマイソンブルーのリボンでおめかし中。
2 ）海外で買った白樺の木の皮を使ったカゴ型もの。素朴な手法に惹かれます。
3 ）ガラス製のジョウロ、シャベル、2 ）のレーキとのセット。繊細な細工に感激！、の1品。
4 ）オーナメントではないけれど、今年の買い物の中で一番かわいかったもの。
　　sugriのスミレのコサージュです。

1)　2)
3)　4)

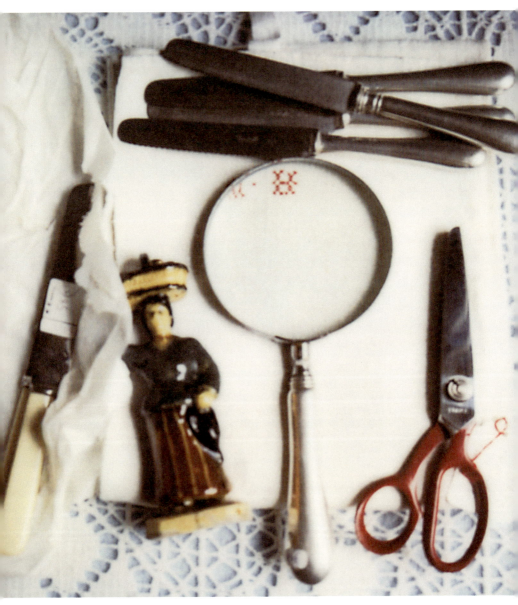

私の戦利品。何だか堅そうなものばかりですね。

MARCH,
2011

EPISODE 038

ブロカント。

　海外での旅の楽しみのひとつは、週末に開かれる蚤の市を回ること。
　久しぶりに訪れたパリでは、有名なクリニャンクールやヴァンヴの蚤の市ではなく、たまたま日程が重なったブロカント（古道具市）に行ってみた。寒さのせいか来ている人も少なく、観光客もほとんど見当たらない。人が多いと、つい「人よりも先に」と、強欲な黒い気持ち（！）になってしまいがちだけど、ここは穏やかな気持ちで見られそう。まずは下見がてら一周してみることにする。その後、暖を取るためカフェで一休みしてから（かなりの余裕ぶり）二周目へ。さあ、いよいよお買い物のスタート。

I'm into...
パリを訪れる度に街の美しさに心を奪われます。今回は寒波の影響で思わぬ大雪に遭遇してしまったのですが、雪景色のパリも、また美しいものでした。

　今度はゆっくり、じっくり、じーっと集中して見て回る。こういう時にいつも思うのは、ここは自分の好みを確認する場所だということだ。何に出合うか分からない場所で、気になる物を探していく。その途中で意外な物に反応する自分を発見したりするのが面白い。私の場合は陶器の人形、素朴な装飾が施された壺といった、地味ながらもデコラティブな物が結構気になりがちで、王道なレースや布類は広げて見るのが面倒なので、ついスルーしてしまいがちだ。

　今回は自分の店用にケーキスタンドとキッチンクロスを探すという宿題があったので、それを優先しつつだったけれど、でももちろん個人的な買い物も。なぜか急に欲しくなった銀のルーペを筆頭に、クリストフルのデザートナイフ、カゴを頭に載せた、おじさんみたいな女性の人形などなど。後になって、「どうしてこれを……」と頭をひねりそうな物も混ざっているけど、お買い物は楽しく、そして大変重かったぁ、のだった。ジャンジャン（古っ）。

EPISODE 038   ブロカント。

1) モーツァルト似の羊の置物。悩んだ末にこれも購入。
   でもこれをいったいどうするんだろう、自分……（早くも後悔気味？）。
2) 空箱を利用した愛犬用の即席ベッド。この日は本当に寒かったので、
   2度目に通った時はこの上にさらに梱包材が巻かれていた。
3) "ブロカント"お知らせの横断幕。   1) 2)   3)

JULY,
2011

EPISODE 042

I'm into...
バークレーで美術作家の永井宏さんの訃報を聞きました。永井さんの詩に、この街のことを書いたものがあって、それを思い出してたとこでした。悲しい。

金熊荘にて。

　空港を出たとたん、思わず、大きく、深呼吸してしまった。ここはサンフランシスコ。私の頭の上に広がっているのはいつも通りの能天気な青い空。そしてひやりとした強い風。
　空港から宿のあるバークレーに向かう車の中から、波立つ海の景色や風に揺れる木の枝を眺めるうちに、東日本大震災、そして東京電力福島第一原発の事故以来、日々感じていた不安やストレスが一瞬緩んで涙が込み上げてくる。そして改めて家の窓も開けたくないような所に住むことになった現実を思う。地震がきっかけだったとはいえ、原発事故は自分たちの無関心や慢心が招いたことでもあるのだ。今まで何も考えず、無制限に電気を使ってきた「便利な生活」のツケは、恐ろしい災害となって収まりそうもない。
　……そんなことを考えている間に今回の宿「金熊荘」に到着。編集

金熊荘にて。

者によれば"クマの縫いぐるみ"の匂い（臭い？）がするという部屋に、恐る恐るチェックイン。クマ臭はしなかったものの、甘い芳香剤の匂いがちょっときつい。でもこれがクマ臭の正体なのかな（笑）。

　トランクを開けて、荷物を出して、アロマランプも焚いて（節約系のロケでは本当にひどいホテルに泊まることもあるので、いつの間にか旅の必需品になってしまった）、これから1週間、この部屋で過ごす準備を整える。

　明日はこの宿の唯一の"いいところ"、すぐ側にあるカフェ・ファニーで地元の住人気分で朝ご飯を食べよう。それからオフの時間には"お鍋の殿堂"ウィリアムズ・ソノマにも行こう。こんな平和な場所に来ても心が晴れない自分を、そうやって盛り上げてみるけど、あまり上手くはいかないみたい。やれやれ。現実が重過ぎる。

1）2）3）4）

1）
黒ネコ発見。ハロー！

2）
サンフランシスコのオーガニックマーケットで買ったラベンダーの花束。コーヒーカップに入れて飾ってみる。

3）
"お鍋の殿堂"で見つけた「スター・ウォーズ」のカップケーキ用のピック。May the Force be with you!

4）
カップ型の陶器に入った、Saint Benoît Yogurtのオーガニックヨーグルト。容器はデポジット制。

AUGUST,
2011

EPISODE 043

月の道。

　雑誌の取材で再び海外へ。前回のクマ臭疑惑のモーテルから打って変わって、今回はワイキキの高級ホテル。しかもオーシャンフロントの部屋（むきゃ！）。連続バク転が出来そうな広さに大きなベッド。仕事を終えて部屋に戻って来る度に「素敵な部屋って、素晴らしい！うほほー」と小躍りする。

　33階にある部屋からの眺めも贅沢だ。1本道を挟んではいるけれど、眼下には青い海が広がっている。満月が近かったので、夜中に月の光が海の上に長い道のように延びているのも見られた。月の道。勝手にそう名付けてしまったが、心の深いところに沁み込んでいく、神秘的な光景だった。

　こんな贅沢な部屋で過ごす時間、今までの私だったら「このままずっとここにいたいなぁ」と溜め息まじりに思ったものだ。でも今は自分の家に戻るということを強く意識するようになった。それはやはり3・11がきっかけで、これまで深く考えたことがなかった"自分の居る場所"を真面目に考えるようになったからだ。独身で持ち家なしという、世の中的にはかなり不安定な、でもある意味気楽な人生をぼんやりと生きてきた身にとって、この地震に「今までの人生をちゃんと生きてきたのか」と、問われたような気持ちになっている（遅すぎるよ、と自己つっこみしてますから……）。

　家族を亡くし、家を無くし、でもそこで強く生きていこうとしている人達の姿を見ていると、「家」の持つ意味を改めて思い知らされる。「家」は単なる箱ではなく、時間や愛やいろんな想いが詰まった特別な場所なのだ。被災者の方に心から落ち着ける家が早く戻りますように。そして、帰る家のある自分の幸せをしみじみとありがたく思う。

I'm into...
ハワイの後はパリへと移動続きの日々で、かなり弱り気味。しかも不在がちな主に我が家のネコたちの怒りはマックスに。報復がコワいです……。ドキドキ。

EPISODE 043 月の道。

海〜。波〜。

1) 私にはなぜか同じものを2個買う習性が。
　　なのでコーヒーメーカー用のポットも2個買い。
2) おばあさんがオーナーのクラフトショップで見つけた、
　　サンダル型のぞうきんは微妙なかわいさ。
　　でも便利かも。裸足限定だけど。

EPISODE 043　　　　　　　　　　　　　　　　月の道。

ファーマーズマーケットで売られていたランが
あまりにきれいで（しかも安い）これも2個買い。

OCTOBER,
2011

EPISODE 045

免疫力。

"健康先生（と呼ばれている知人）"から「新月に向かう時期はデトックスの力が高まります。ゴーヤとか、苦い物を食べるといいですよ」というメールをもらった。先生曰く、部屋の掃除も、そして台風だってデトックスなのだそう。最近、理由もないのに、自分が悲しい気持ちに陥りがちだったのも、ひょっとしたら心が解毒したがっていたのかもとふと思う。ふーむ。とにかく毒素は体の外に出してしまわなきゃと、さっそくゴーヤを買ってみる。

東京電力福島第一原発の事故により、地域によって放射線量の差はあるにせよ、私たちは放射能を意識しながら暮らしていくことになってしまった。日々報道される食品への放射能汚染の広がりも、裾野が見えないところが本当に恐ろしい。そんな日常の中で自分自身をどう守るかは重要な課題だ。私自身はとにかく免疫力を上げる

I'm into...

今回の連載の撮影で溜め込んでいたポラロイドのフィルムがとうとう終わってしまいました。写真の茶色いシミは劣化の為です。淋しい限り、なりなり。

EPISODE 045 免疫力。

ということに尽きるんじゃないか、という結論に達したのだけれど、そうはいっても免疫力をすぐに高くするなんてことは無理だということもよく判っている。でも「上げる」ことを意識するかしないかでは大きな違いがあるような気がして、不規則で不摂生な生活を送りつつも、時々半身浴をしたり、靴下の重ね履きをしたりと、もがいているような状態だ（苦笑）。

　折しも庭のエキナセアのピンク色の花が満開になった（エキナセアは免疫力を高めるハーブとして知られている）。朝はそれを眺めながらお白湯を一杯、そうすると少しだけ穏やかで前向きな気持ちになれる。これも人からの受け売りだけど、笑うことも免疫力を高めるらしい。そう、悲観するよりも前向きに明るく過ごしましょ。皆さん、今日も笑顔で、よい一日を！

1）2）3）4）

1）
今年は紫陽花が不作だったけれど、エキナセアはすごい勢い。庭も免疫力を求めているのかしら？

2）
エキナセアのハーブティー。冷やして飲んでもおいしい。

3）
フランスで買ったエキナセア・エキスと歯磨き粉。

4）
気づけばエキナセアにもいろんな種類があるらしい。真ん中の薄いピンク色は「テネシー」という品種。他のは不明です。

前のロンドン編にも似た写真が……、今回はデコレーション付き。

EPISODE 047　　　　　　　　　　　　ロンドンでお買い物。

DECEMBER,
2011

EPISODE 047

ロンドンでお買い物。

　休暇と仕事の2本立てのロンドン。ブルームズベリーのアパートメントタイプのホテルに泊まり、毎朝、水道水でいれたミルクティーを飲むという（もちろんミルクが先で）"にわかロンドナー"な1週間。部屋の大きな窓から見えるのは、焼きレンガ色の"裏窓"な景色。でもこの何でもない、殺風景な眺めにこの街らしさを感じてる。

　今回のミッションはまず撮影。次はアニヤ・ハインドマーチの「ビスポーク ショップ」でバッグをオーダーをすること。それからスマイソンで来年の手帳を買う（イニシャルも入れる）。それから、それから"シマシマ好き"の憧れ、イアン・マンキンで生地を思いっきり買う、などなど。

　それにしても1週間は長いようで短い。あっという間に過ぎてしまう。撮影に3日、プライベートに4日の算段が見事に逆転してしまい、結局、私の時間は2日半に……（ぐすん）。だが、しかし、嘆いている時間はないと、てきぱきとミッションをこなすはずが、いろんなところでつっかかってしまって、またも涙。中でも一番の誤算はイアン・マンキン。プリムローズ・ヒルの店が閉店していたというところからつまずいて、道に迷ったり、閉店時間に間に合わなかったりと、結構、時間を取られてしまった。でも諦めなかったかいあって、赤×白のノーフォークストライプ（名前が素敵！）という、ムーミンママのエプロンみたいなシマシマ生地を買うことができた（"思いっきり"というのはお財布の都合上無理だったけど）。

　そんな駆け足というか、全力疾走だったロンドン。帰って来たばかりだけれど、すぐにでもまた行きたい気分。だってお買い物ゴコロ、未消化なままゆえ〜。

I'm into...
10月1日にダンスコの定番クロッグ「Ingrid」のオカオ・バージョンが発売になりました。オリジナルのベルギーリネンのエコバッグ付き、ですよ〜。

EPISODE 047　　　　　　　　　　　　　　　　　　　　　　　ロンドンでお買い物。

1）今回の納得の買い物その1、QUART MUG。
2）ついつい買ってしまうロココチョコレートの「ネコちょこ」。
3）お目当ての店は閉店していたが、そのおかげで（？）
　　プリムローズ・ヒル・ベーカリーのカップケーキと
　　窓に吊ったビンテージのユニオンフラッグをゲット。

1）　　2）3）

EPISODE 049

ランバー・ジャック。

　シアトルに遊びに来ている。今回はこの街に長く住んでいた「ダンスコ」の荒井夫妻と一緒なので、ガイドブックも持たず下調べもせずという"おんぶに抱っこ"状態のかなり気楽な旅だ。

　11月初旬のシアトルは紅葉の真っ盛り。街路樹も赤や黄色に染まって本当に美しい。緯度が高いせいか空気が澄んでいて、光がキラキラしている。変に生暖かい東京とは違って、吐く息が白くなるのがうれしかったりして。忘れていた"冬の気持ち"を思い出した。

　いろいろと案内してもらった中で私が好きだったのは、バラードという北欧移民のエリア。日曜日にファーマーズマーケットが立つというので連れて行ってもらったのだが、マーケットの立つ道には個性的なショップが並んでいて、ぶらぶらと散策するのが楽しい所だった。ストリートミュージシャンの周りで子どもが踊っていたりして、何とも平和な日曜日というかんじ。いいなあ、こういう雰囲気。

　ところで、散策中に私が気になったのは男の子のファッション。チェックシャツに短い丈のセーター（手編みっぽくて、しかも縮んでいる風）とデニム。そしてあご髭という子を時々見かけた。気になって聞いてみると、そういうスタイルは"Lumber Jack（木こり風）"と呼ばれているのだそう。そういえばインテリアショップでも木の形をそのまま生かした家具があったり（床の間の柱を想像して下さい）、山小屋風のバーや美容院を見かけたりしたから、どうやらここでは"木こり"がじわじわ来ているのかも。

　シアトル近郊には、かの『ツイン・ピークス』の舞台となった町もあることだし、ちょっとこもったような世界が似合うのかもしれない。このスタイル、私もかなり気になってしまった。

I'm into...
ちなみに「Lumber Jackの彼女のファッションスタイルは？」という質問の答えは「普通」とのことでした。でも普通って、どんなんだろう？

EPISODE 049　　　　　　　　　　　　　　　　　　　　　　　　ランバー・ジャック。

1)　シアトル初の買い物は赤いドアと煙突の"山小屋"ソルト＆ペッパー。
　　　これは何かのお告げ（？）だったのかしら。
2)　看板の形と名前が気になったレストラン。ここ、おすすめアドレスです。
3)　マーケットのアイスクリーム屋のおばあさんはのんびり編み物中。
4)　忠犬、ご主人の買い物をずっと見守り中。君、お利口さんだね〜。

　　　　　　　　　　　　　　　　　　　　　　　　　　　　　　　　　　1)　2)
　　　　　　　　　　　　　　　　　　　　　　　　　　　　　　　　　　3)　4)

MARCH,
2012

EPISODE 050

I'm into...

サンフランシスコ取材、楽しかったです。SF市内のナイトマーケットで買ったスモーク・アーモンドがおいしくて、また買いに行きたいです。ポリポリ。

台所にて。

冬の早朝。この季節だと外はまだ真っ暗というか、まだ夜中で、空には星が寒そうに輝いている。

ベッドからよれよれと起き出して、まず最初にするのはお湯を沸かすこと。私と一緒にネコたちも起きるので、「朝ごはんを下さい。ニャーニャー」と脚に絡みついてくるのをよけながら台所まで行き、ポットを火にかける。でも電気はつけず、リビングの灯りをたよりに。暗い中で見るガスの青い火はうっとりするほどきれいだし、まだいろんなものが眠っている「静かな時間」に蛍光灯の無機質な光は似合わないと思うからだ。

こんな早朝も、普通の朝も、もちろん夜も、日々の生活の中で台所は大切な場所だ。長年使っている愛着のあるキッチン道具に囲まれているからだろうか、私の座る定位置が窪んでしまったソファよりも、

台所にて。

なぜか落ち着く。

　旅に行くたびに少しずつ、でも確実に増えるのもキッチンのもの。去年の後半は旅が多かったので、新しいものがいくつか仲間入りした。少々いびつなブルーウィローの皿。小さな茶色いエナメルのパイ皿。この号の取材で行ったサンフランシスコでは台拭きを漂白するためにバケツを買った。そしてそういう"新参者"はしばらくの間、置く場所を少しずつ移動させながら、いちばん収まりのいい場所を見つけてあげるようにしている。広い台所ではないけれど、季節や時間、それに周りに置くものによって雰囲気が変わるから、それを時間をかけて見つけてあげる。もちろん最初から「ここしかない」というものもあるけれど、こういう場所探しも「雑貨探し」の次にある楽しみだったりするのだ。

1）　2）　3）

1）
自分的に茶色いエナメルブームなう。あれ、文章がおかしい？

2）
こっちはイギリスのポット。

3）
「KEEP CALM AND CARRY ON」スタンプ。「くじけずにがんばろう」っていう意味なのだけど、前半の「KEEP CALM」にグッときます。穏やかであれ、自分。

EPISODE 050　　　　　　　　　　　　　　　　　　　　　　　　　　　台所にて。

ネコ、卵に"興味津々"中。そして私はこの皿に白い卵が似合うということを発見！

1) 2)
3) 4)
5) 6)

1）
シアトルで買ったキョロ目のクマのボールペンは、北海道の木彫りのクマに通じるものがある。北のクマ仲間。

2）
これが「上毛かるた」。教えてくれた人は、これが全国的なものだと、ずーっと思っていたのだそう（笑）。

3）
左側の無農薬のレモンの大きいこと！

4）
パッケージがかわいすぎるスウェーデンの苔。野生のクマは森の象徴でもあるのかしら。

5）
友人からの絵ハガキは舌出し白クマ。

6）
ゴロリ。ツキノワグマのお人形。硬そうね、君。

APRIL,
2012

EPISODE 051

かるたとクマ。

「上毛かるた」をご存じだろうか。私はぜんぜん知らなかったのだけれど、群馬県出身の知人がこのかるたについて熱く語ってくれたことからその存在を知った。かるた遊びを通じて郷土愛を育むというものらしい。説明書には「礼儀正しく、お互いの品性を高めるように遊びましょう」と書かれていて、襟を正したくなるような感じだ。「つる舞う形の群馬県（群馬県は鶴が飛んでいるような地形をしている）」「ねぎとこんにゃく下仁田名産」とか、群馬県を代表することがらのあれこれが、かるたの読み札に書かれている。絵札の絵も柔らかな色使いでなかなか、かわいい。新年早々、いい歳をした大人たちで「上毛かるた大会」をしたのだが、かるた遊びなんて子どもの時以来で、盛り上がるのかなと思いつつ始めたのだけれど、みんなの熱くなり方は凄かった（笑）。最後は大接戦になったものの、群馬県民が優勝し、面目を保った形で幕を閉じた（パチパチ）。他の県と比べても群馬県民の郷土愛はかなり熱いのではないかと思う。「力あわせる二百万（人口、ね）」だ。

　私は高知県出身で、それなりに郷土愛もあるけれど、どっちかっていうと「クマ愛」の方が高いかも（「クマ愛」ってナニ？ってかんじだけれど、まあ、ただクマが好きってだけのことです）。シアトル郊外で買った木彫りのクマのペン、スウェーデンのお土産にもらった緑色の苔（これは湿気を取るために、2重窓の間に入れておくものなのだろう）が入っていた袋、それからいろんなところでお馴染みのクマ型の容器入りのハチミツも、クマだからこそグッとかわいさが増している気がする。そこが好き、それが「クマ愛」、まったくもって単純だけどクマクマLOVEなのよ。

I'm into...
春はまだまだ先なのに、いつも眠く、しかもいつもお腹が空いている今日この頃。もしやお腹を空かせたクマの霊に取り憑かれちゃったのかも（笑）。

MAY,
2012

EPISODE 052

ネコと黒ネコ。

　ネコ好き読者の皆さん、こんにちは。またもやうちのネコの話で恐縮なのだが、先日面白い出来事があったので、ここでちょっとご報告。

　私が家にいる時に、ネコその1が日課のご近所パトロールから戻ってきて、いつものように机の上に丸まって座り込んだ。最初は全然気づかなかったのだが、ふとネコを見ると首輪に手紙らしきものが結ばれているのを発見。「えーっ、"伝書ネコ"」と驚きながら手紙を外して読んでみると、「このネコちゃんは最近、朝と晩にうちにごはんを食べに来ますが、ちゃんとエサをあげてますか。心配しているので連絡下さい」という内容だった。これは1日2回エサをあげ、それプラス、いつも"エサくれ、ニャーニャー攻撃"を受けている身にとっては、びっくり仰天のこと。直ぐに手紙の送り主にお詫びの電話をしたの

I'm into...
ドアにぶつけて左手の小指にひびが入ってしまいました。人生初骨折。使えないと左手小指でも結構不自由。でも、右手でなくてよかったかも。

ネコと黒ネコ。

だが、先方も「いやいや、もし迷い猫だったら保護しなくてはと思って」と笑って許してくれた。ああ、恥ずかしい。ネコの手紙だなんて、もうちょっとロマンティックな展開を期待したのになあ。

　こんなネコとのおかしな共同生活が始まって早4年。可憐だった子ネコたちも今や貫禄たっぷりのおっさんネコになってしまった。私の"ネコおばさん"にもさらに拍車がかかり、少しずつ、でも確実にネコモチーフのグッズが増えている。新入りは去年のクリスマスに買った黒ネコのオーナメント。これはラメのキラキラ具合いに惹かれて購入したもの（本当は白ネコバージョンも欲しかったのだが、値段が高くて諦めた）。もうひとつの黒ネコは、なんとお菓子のパッケージ！ ネコ好きにはたまんない、グッとくるデザインに、ハッとしてニャー（♡）なのである。

1） 2） 3） 4）

1）
バークレーで買った黒ネコ"キラキラ"オーナメント。ちょっと和風な顔がポイント。

2）
黒ネコならぬ黒蓋のオランダ発、オーガニックスープ。ザ・テイストメーカーズで購入。

3）
台北の龍山寺で買った、小さなチャイニーズシューズのお守りは安産祈願のものなのだそう。

4）
黒ネコのお菓子。中には小さなツブツブのタブレット。

最近のお買い物。

ああ、ついに買ってしまった。パソコンの前で何度も購入の手続きを入力しながら、「購入する」という最後のワンクリックができず、いつもそこで挫折していた"高級"ミキサー。そう、その名は「Vita-mix」(正確には「ミキサー」ではなく、「ホールフードマシーン」と言うらしい)。

弱虫な私(だって高すぎるんだもの……)が「購入ボタン」を押す決意をしたのは、この春に胃腸の具合の悪い日が続いたことがきっかけだった。もっと胃や体を労って、野菜中心の食事を取らなくてはと反省&一念発起。野菜が効率的に取れるジュースやスープを毎日食べようと思っての決断だ。でも別に"マシーン"に頼らなくてもいいのに、こういう時にまず"物"から入ってしまう自分にちょっと苦笑い。

人参を1本、玉ねぎを1/4個、それを市販のブイヨンと共に少量の水で煮て、火が通ったらミキサーに"ガーッ"とかける。わずか10分足らずで人参の味が凝縮されたふわふわの口当たりのおいしいポタージュスープが出来上がる。最近の朝食はそのスープと、ギーを塗ったパンというシンプルなものだ。お腹に優しいスープを庭の景色を眺めながらゆっくり食べると気持ちも充実する(ような気がする)。朝は何かと忙しいけれど、こんな朝食のためなら少しぐらい早起きしてもいいと思う。……そんな理由で、ミキサーは高かったけれど、でもいい買い物だったってことにしておこう、っと。

キコで購入したベンガル地方の古いノクシカタ(着古したサリーなどに刺し子した布もの)も、目に入る度に優しい気分になるものだ。女性的な花の模様に気持ちが和む。これも最近したいい買い物のひとつなり。

I'm into...
6月21日からbrownie and tea roomでエリザベス女王の即位60周年を記念して行われる、塩川いづみさんの個展の展示をお手伝いしています。

AUGUST, 2012
EPISODE 055

EPISODE 055　　　　　　　　　　　　　　　　　　　　　　最近のお買い物。

１）1950〜70年に作られたノクシカタ。ハンドメイド感にグッとくる。
２）机の上に置いたままの陶器の保存びん。姿形がかわいくて気に入ってる。
３）ある日の朝食。この日もふわふわ人参スープ。
４）「火ぐまのパッチョ」ティッシュは最近の私のお宝。お腹からティッシュ！

１）２）
３）４）

「頭の上に何かをのっけてる」モチーフも好きなもののひとつ。この女性フィギュリンはブダペストの蚤の市で見つけた。

NOVEMBER,
2012

EPISODE 058

フィギュリン。

　フィギュリン。陶器のお人形のことをこう呼ぶ。発音した時の響きがかわいらしくて(特に最後の"リン"の部分)言葉自体も好きなのだが、その存在自体もかわいらしいものがたくさんある。
　若い頃は陶器のお人形と言えば"おばさま趣味"というイメージで、自分とはかけ離れた存在だと思っていたけれど、デンマークのロイヤルコペンハーゲン本店の中にあったアンティークショップで"超かわいい"フィギュリンに出会ってしまった途端、何のためらいなく、スルッと"おばさま界"に入り込んでしまった。
　そのフィギュリンは"Grønland(グリーンランド)"というシリーズのもので、髪を頭のてっぺんでお団子に結んだ、民族衣装を着た女の子がモチーフ。脚元は細かい筆のタッチで表現されたアザラシの毛皮のブーツ。そして手には繊細な細工の花束。残念ながら花の一部は欠損していたのが残念だったけれど(その時に聞いた話では、細工が繊細すぎて、パーフェクトな状態のものはなかなか出てこないのだとか)。

I'm into...
夏はポラロイドフィルムには受難な季節（暑いと色が赤くなる）。頭が痛くなるくらいクーラーを効かせて撮ってみたのだけれどこの通り色は出ず……（涙）。

　自分の顔と似たものを感じるせいか、もともと北方民族モチーフが好き。しかも女の子の真っ直ぐな目線の強さに魅了されて、結構高価だったのに思い切って購入。その後同シリーズの弟人形を見つけてこれも迷わず購入してしまった（ちなみにこのコは、毛皮のパンツ）。
　割れると悲しいから、普段は仕舞っているこのコたちのことを思い出したのはロイヤルコペンハーゲンのイヤーフィギュリンに一目惚れしてしまったから。今年は"毛糸玉とネコ"。おばさま界に住む"ネコおばさん"としてはマストアイテムかもと盛り上がってしまった。"おば界"まっしぐら中なり。

EPISODE 058　　　　　　　　　　　　　　　　　　　　　　　　フィギュリン。

1）私がフィギュリン好きになったきっかけのお人形。
　　このシリーズは4人家族で、出会えれば他も揃えたいところなんだけど。
2）このコ、弟。でももしかして女のコ？
3）ネコと毛糸玉の最強モチーフ。仕草も愛らしいのよ。　　　　　　　　　　　1）　2）　3）

FEBRUARY,
2013

EPISODE 061

リーチ・ポタリー。

　夏の終わりに日本橋髙島屋で行われた『バーナード・リーチ展』に行かれた人も多かったのではないだろうか。私も最終日の前日に慌ただしく見に行った。時間に余裕がある時に行けば、もっとじっくり見られたのにと、計画性のない自分に大反省したのだが……。だけど、そんな"走り見"でも、目と心に強烈に焼きついた作品がいくつもあった。

　澄んだ青い色の盒子（その瑞々しい青に、思わずハッとした）、ぶどうの絵が書かれた壷、アルファベットが刻まれた壷。その姿をどうにか記憶に残そうと、一生懸命、目で記録した（"目憶力"と呼んでいます……）。中でも今の私の気持ちに響いたのはわりと初期の作品で、初々しさというか、陶芸を始めたリーチのわくわくした気持ちがストレートに伝わってくるような気がした。

I'm into...

アクエリアスの時代について考えることがあります。自分の意識も今までと違ってきているような気もしています（曖昧……）。世の中も変化しているのかな。

リーチ・ポタリー。

1) 2) 3) 4)

1)
鹿の躍動感が印象的。

2)
民藝ではないけれどイギリスで見つけたネコのフィギュリンと、alice daisy rose の展示会で頂いた看板ネコ「にゃお」クッキー。大事に持って帰ったけれど、耳としっぽが折れちゃった。ごめん、にゃお。

3)
リーチ・ポタリーの器。バターが似合う。

4)
栗の木を刳り貫いて作った佃眞吾さんの煙草盆はカトラリー入れに。

　そんなことがあったからか、イギリスの田舎町のアンティーク屋でリーチ・ポタリーで作られたという小さな壺とお皿を見つけた時は、いつになくドキドキしてしまった。インフォメーションがなかったので詳しいことはわからないけれど、イチジクのような葉と、リーチをイメージさせる二つに枝分かれした柳の絵、このモチーフが描かれているだけでかなり心がときめいたうれしい買い物だった（もちろんリーチ・ポタリーの小さな刻印も）。

　リーチと言えば「民藝」。その流れを汲む佃眞吾さんの煙草盆、セレクトショップで見つけたオーストリア製の赤い鹿模様のタイル。どちらも力強さがストレートに伝わってくる作品だ。どうもその「力強さ」に最近の私は惹かれている。新しい時代に必要なのかもしれないし、それとも単に自分が弱っているのかも。ふーむ。むむむと熟考中。

APRIL, 2013
EPISODE 063

イニシャル。

　ここ最近の私のブームは自分の持ち物にイニシャルを入れること。何もかもにというわけではないけれど、愛用しているスマイソンのスケジュール帳をはじめ、ボストンバッグやピクニックバスケットなど"イニシャル入り"のものが少しずつ増えている。

　思えばここ10年ぐらい使い続けているスマイソンのスケジュール帳に名前を入れたのが、マイ・イニシャル・ブームのきっかけだった。ある年ロンドンへ行った時に、翌年の手帳を買おうとニューボンド・ストリートにある本店に行くと、その場で刻印をしてもらえるというので頼んでみたのだ（そんなサービスがあったのはホリデーシーズンだったからかもしれない、もしかして）。

　書体と名前を入れる位置を選んだら、慣れた手つきで作業を行う職人さんが、あっという間に仕上げてくれた。茶色い型押しの革にゴールドの文字がよく映えて、きれいで、それがとてもうれしくて。以来、必ずカバーに名前を入れるようになった（あ、もちろん有料です）。

　もともとブランド名が大きく入っているものが苦手で、シンプルなデザインを選ぶことが多いから、小さなイニシャルはポイントになって丁度いいという理由もあったりするのだけれど、何より「私の手帳」、「私のバッグ」という風に、ものへの愛着が一段と深まるような気がしている。

　昨年11月にロンドンに行った時には、念願だったグローブ・トロッターのトランクのイニシャルオーダーをしてきた。仕上がるまで7週間かかると言っていたから、もうそろそろ出来上がる頃。これを口実にまた旅行に行こうと考えている私、M.M.O（ミヨコ・モーフィ・オカオ）なのだ。

I'm into...
そういえば私が小学生の頃、デパートの文具売り場で鉛筆に名前を彫ってくれるサービスがあった。かなり昔の話だけれど、今もやってるのかな。

EPISODE 063　　　　　　　　　　　　　　　　　　　　　　　　　　　　　　　　　　　　イニシャル。

1 ）ザ・テイストメーカーズで購入したピクニックバスケット。手がきのイニシャルを入れてもらった。
　　ちなみにM.M.Oの真ん中の「M」は私のニックネーム「モーフィ」。贋のミドルネーム（笑）。
2 ）ボストンバッグにも小さく入ってます。
3 ）これはイニシャルではないけれど、手がきの柄が「m」の羅列に見えて。　　　　　　　　　　　1 ）　2 ）
4 ）今年のスマイソンは濃紺のカバー。　　　　　　　　　　　　　　　　　　　　　　　　　　　3 ）　4 ）

小ぶりなイギリスのテーブルがランコーナーに。
センターが「ゴージャスさん」。
ランは他に4鉢。左端は枯れ気味のシダ。頑張れ。

MAY,
2013

EPISODE 064

オーチャード。

　超個人的なニュース！　去年の11月に千駄ヶ谷のタスヤードの横にある小屋で行われていたPLACERWORKSHOPのポップアップショップで購入したランの花がついに咲いた。
　そのランの名前は「L. Santa Barbara Sunset 'Showtime'」。ネットで調べてみると「レリア交配種　サンタバーバラサンセットのショータイム」と書かれてあって、ラン初心者には「レリア交配種」って何だろう、ってかんじでまったくチンプンカンプン（久しぶりに聞く単語ですね）なのだけど……。でも艶やかな赤紫色とオレンジ色のトーンは確かに夕暮れ時を思わせる色合い。だいぶ陽気でチャラい名前だけれど（笑）。
　購入時からすでに細長く育っていた2本の茎の先が少しずつ膨らみ、ひとつずつ起き上がるような感じで蕾の形になって、そしてそれがまたゆっくりと膨らんで、ようやく先週花が開いた。家に来てから約3カ月。購入時に教わった「カーテン越しの光、空気が動く場所、そして毎日、一声掛けてあげる」というアドバイスを真面目に守ったおかげか、我が家の「ゴージャスさん」（こんな呼び名をつけてみた）は美しい花を見せてくれた。ランは湿気のある温室のような場所で育てるもの、みたいな勝手な思い込みがあった私には、気をつけることはあるものの、実際に普通の部屋の中で育てられるなんて、ちょっとびっくりな出来事だった。なので"ニュース！"なのだ。
　でも花が咲くまでの期間に気づいたことがある。それは葉っぱだけの姿もまた美しいということ。弾力性のある力強い葉の重なりにほれぼれする。花が終わった「ゴージャスさん」も、またそれはそれで美しいはずだ。きっと。

I'm into...
3月30日より4月12日まで京都、恵文社一乗寺店にて『雑貨の友』（筑摩書房刊）に掲載したポラロイドや雑貨の小さな、小さな、展示をします。

1）開花したばかりの頃。この後、ぐっと大きく開くことを発見。
2）これはカリフォルニア土産のコロン。深い森の香りがする。

EPISODE 064　　　　　　　　　　　　　　　　　　　　オーチャード。

庭で咲いたスノードロップに1輪だけ巨大なコが。これってもしかして……。

AUGUST, 2013
EPISODE 067

お風呂グマと洗濯グマ。

　ちゃぽん。ちゃぷん。ぬるめのお風呂にゆっくり浸かって、しばし頭の中を空っぽにしてみる。今日一日の出来事や明日のこと、反省とか憤慨したこととかを思い出すけど、でもお湯に浸かっているといつの間にか気持ちがほぐれてくる。

　リラックスできるよう、バスルームには極力無駄なものを置かないようにしている。あるのはシャンプー、コンディショナー、ボディソープぐらい。いろんなものがあると掃除が面倒だし、この場所に限ってはごちゃごちゃしているのが嫌なのだ。だからシャンプーだってラベルのシンプルなものを基準に選んでしまう。

　……でも、それなのに、このコと目が合ってしまったのだ。写真左上の青いスポンジグマ。黒くてまるい目、それにこの"オープンマインド"な表情！　オールドなミーのバスルームにこんなかわいいコがいていいものか、なんて考える間もなくレジに並んでしまった。いやぁ、君は本当にかわいい。

　クマと言えば、ニュージーランドで見つけたエコ洗剤のパッケージも編みぐるみのクマだった（なんともかわいい、これは柔軟剤）。シンプルだけど暖かみのあるデザインが気に入って何種類かを持ち帰ってきた。ちなみに袋入りタイプは旅行用パック。こちらは洗濯物で作ったテントと子どもという微笑ましいヴィジュアル。でもグラフィックデザインはともかく、日本のこの類いのボトルはパステルカラーのものばかりなのはなぜなんだろう。もっとシンプルにしてくれるといいのに……。洗濯機の上に並ぶ黄色や水色のボトルを眺めながらそんなことをふと思ったりして。日常使いのものがもう少しセンス良くなるといいのになぁ。

I'm into...
6年ぶりに引っ越しをすることに。今よりも海に近くなる予定。でも鎌倉にいながら海に行くのは年に何回かなんだけど。何のために住んでるのかな、私……？

EPISODE 067　　　　　　　　　　　　　　　　　　　　　　　　お風呂グマと洗濯グマ。

1)　こちら青クマのバススポンジ。アワアワなクマクマ。
2)　一見"お風呂アヒル"かと思いきや、これはチョコレート。
　　 今年のイースターに買ったもので、ちょっと色褪せぎみ。
3)　"おしゃれ"エコ洗剤。
4)　節水を呼びかけるドイツのエコプロダクト、STOP THE WATER
　　 WHILE USING ME!の歯磨きセットは、デイリーでグッドなデザイン。

1)　2)
3)　4)

びんの中には実物大のざくろ形のサプライズボール。ピンクの色合いが何とも美しい。

SEPTEMBER,
2013

EPISODE 068

サプライズボール。

　残念ながら会期はすでに終了してしまったけれど、ヤエカ アパートメントストアで行われたアナンダマーイ・アーノルドによる『Surprise Ball Exhibition』のことを書こうと思う。
　サプライズボールとは簡単に説明すると「紙のおもちゃ」。紙テープをくるくると巻き上げて作るのだが、テープを巻く途中に小さなおもちゃを挟み込んでいくので、ボールを開く時には、その"お楽しみ"がひとつずつ現れてくるという仕掛けになっている。
　今回の展示でサプライズボールを作ったのは、アナンダマーイという女性。左ページの写真のざくろや、レモン、オレンジといった果物モチーフ、球根付きの水仙やアイリス（これらは球根部分がサプライズボールになっている）など、まるで静物画から抜け出てきたかのような、美しい作品が紙テープで作られていることに驚いてしまう。

I'm into...

オレゴンのポートランドに来てます。今日はスタンリー・キューブリックの映画『シャイニング』の撮影で使われたホテルへ行ってきました。わーい。

　私がこのサプライズボールのことを知ったのは、フィガロジャポン2012年3月号のサンフランシスコ取材の時だった。バークレーにあるテイルズ・オブ・ザ・ヤックという店の取材中に、たまたま本人が納品に来ていて、店員が「これを彼女が作っているの」と教えてくれたのだ。その時は桃の形のものをひとつ、友人の誕生日祝いに買って帰ったのだけれど、サプライズボールのことをよく理解していなかった私は、友人に渡した時に「おもちゃが入っているのよ」と、桃太郎のお話のようにナイフでカットさせようとしたのだった。でも幾重にも巻いた紙は硬くて切れず、途中でハッと間違いに気づいたのだけれど……。

　そんなことを思い出しながらこの展示を眺めたのだった。自分のひどい間違いを反省しつつ。

1）室内の一部にはメキシコの紙飾りが。素敵！
2）展示とは関係ないけれど店で販売している食品のプライスカードがかわいくて大好き。

EPISODE 068　　　　　　　　　　　　　　　　　　　　　　サプライズボール。

野バラと鳥の巣。なんとこれも作品。鳥の巣がサプライズボールなのだとか！ しかも巣の中の卵のひとつは紙製!!

JANUARY, 2014

EPISODE 072

ブッチャーストライプ。

　ブッチャーストライプ。イギリスの肉屋の従業員やシェフが身につけているエプロンやジャケットに使われている、濃紺に白いラインのストライプをこう呼ぶ。いつの頃からか、私はこのストライプがすごく（本当に、すごく）好きになってしまった。でも好きといっても、かなり個性的なストライプだし、ユニフォームでもあるので、自分で身につけるのはエプロンぐらいなのだけれど。
　「好き」の理由はいくつかあって、まずはイギリスならではのストライプだということ。それから清潔感。白いエプロンよりもこっちに清潔感を感じるのは、ロンドンのシェフたちはよく真っ白いTシャツにこのエプロンを合わせているからなのかもしれない。白と紺。その潔くキリッとした感じがとても気持ちいい（しかもそういう料理人が大勢で黙々と作業している姿はかなりかっこいい）。ロンドンのモ

I'm into...
先月も書いた「光回線事件」は70日待って来ず、結局違う会社の回線を引くことに。そしたらあっという間に工事完了。あの待ち時間って何だったんだろう。

EPISODE 072 ブッチャーストライプ。

ダンなレストランはオープンキッチンの店が多いから、そんなシェフたちの姿を眺めつつ食事をしていると、ロンドンに来ているんだなという実感も湧くのだ。

　私の持っているエプロンはヤーモという100年以上の歴史を持つファクトリーで作られているもの（もちろんmade in England）と、ロンドンのソーホーにあるユニフォーム屋で買ったもの。特にヤーモのはブリーチをかけた色合いと、たっぷりしたサイズ感がお気に入りだ。

　ところでこのストライプ、ストレートに「肉」をイメージさせるせいか、マークス&スペンサーの「豚の皮チップス」のパッケージにもストライプ風のものが。豚の皮のスナック菓子というのも気になるところだけれど、でもちょっと怖くて開けられないのだ、ブー。

1）2）3）4）

1）
お肉とは関係ないカゴ。これを背負って、どこに行こうというんだ……自分。

2）
豚の皮チップス。これは白いラインが2本というデザイン（ボラでは見えないけれど）。

3）
マイ・ブッチャーストライプ・エプロンズ。

4）
自分がエプロンをつける時には、足元はこんな素朴なソックスを合わせたい。スクランプシャスの手編みのソックスは、毎年購入している冬の定番。

「ブルーフルーテッド メガ」は、お皿の裏のマークもメガなのがチャーミング。

FEBRUARY,
2014

EPISODE 073

静謐な世界に憧れて。

　先日TVを観ていたら、高齢者のひとり暮らしが増えているというトピックで取材されていた女性の部屋の散らかり具合が凄くて、何だか焦ってしまった。というのも、まるで自分の部屋を見ているようで……（でもちょっとかわいかったのは、座るスペース以外は物で埋まったソファの端に縫いぐるみが置かれてあったこと。きっと一緒に座っているんだろうな）。その女性は高齢ゆえ部屋を片付けることもままならないということだったが、私の場合は根っからの片付けられない性格のせい。時間のないのも重なって、ほぼ「（この夏に）引っ越したままの状態」で住んでいる。な、なんて恐ろしい……。

　そんなわけで今私が憧れているのはデンマーク人の画家、ヴィルヘルム・ハンマースホイが描いた静謐な世界。部屋の惨状から目を背けるように展覧会の図録を開き、その中の世界に逃げ込んでいる。そんな時間があるなら片付ければ、という心の声を無視しつつ。

　この画家の絵の中にはロイヤルコペンハーゲンらしき食器が描かれていて、それがぽつんとテーブルの上やチェストに置かれていたりするのが印象的だ。ひんやりした白い磁器の質感と、清潔なブルーの花柄が描かれた上品な陶器。絵に影響されて、久しぶりに持っていた「ブルーフルーテッド メガ」のプレートを使ってみたら、テーブルの上の雰囲気が少しだけハンマースホイ的な世界に。これをきっかけに部屋自体を美しく片付けられるといいのだけれど……。

　「"物"は捨てられたくなくて"捨てないでオーラ"を出しているから、物が多くなるほど益々片付けられなくなるのよ」。最近、教えてもらったこの言葉に深く納得しつつ、かなり途方にくれている私です。

I'm into...
「物のオーラ」の話をしてくれた人によると、物を捨てる時は、その"物"に何の思い入れもない人に立ち会ってもらって、一緒に片付けるといいそうですよ。

EPISODE 073　　　　　　　　　　　　　　　　　　　静謐な世界に憧れて。

１）2008年の展覧会のチラシをドアに貼って美しい部屋をイメージ中。上はお皿型絵ハガキ。
２）インドのおままごとセット。物を捨てなきゃいけないのにこんなものをつい買ってしまう私。
３）片付け前にホワイトセージの煙で部屋をお清め。そうすると掃除がはかどるような気が。

１）　　３）
２）

MARCH,
2014

EPISODE 074

庭とネコ。

　新しい年にしたいこと。奥出雲へのひとり旅。腕時計を買う（これは携帯電話を時計代わりにするのをやめたいという理由）。本の整理。それから家のものを減らすことと、庭造りを始めること。
　書く順番は最後になっちゃったけれど、いちばん最初に取りかかりたいのは"庭造り"。それにはまず土を作るところから始めなくては。……と言うのも去年引っ越した鎌倉の家の庭は砂が多く混ざった土で、土壌の改良が重要課題なのだ。根気よく腐葉土や堆肥を足して、ミミズが好む、ふかふかの土にしていかないと植物も育ちにくそう。かなり時間のかかる作業だろうけど、自分のイメージする庭を作るために頑張ろうと思う。
　6年間住んだ前の家の庭は、庭造りを始めて4年目ぐらいからようやく形が出来てきたと感じた。自分が植えた植物が育って、最初の

I'm into...

バックヤードは小さな菜園にする計画。まずはきゅうり、イチゴ、ルッコラを植える予定。うまくいけばグリンピースなんかも育てたい……こちらも妄想中。

庭とネコ。

"植えられました"という感じがなくなって、ほかの植物とも馴染んでひとつの風景として見えるようになった。そんな体験もあってガーデニングとは「時間の積み重ね」なのだということがよくわかったのだ。

今度の庭では一緒に引っ越して来たエキナセアをメインにして、その間にマーガレットが無造作に咲く、原っぱ（の一部）のような庭にしたいと考えている。そこにアニスみたいな白くて華奢な花やイネ科の多年草を入れて……、なんて妄想は続くのだが。

ふんわりした草が生えている場所はネコが好むもののひとつで、前の庭でもよくうちのネコがそんな場所で昼寝をしてた。今度もそんな居心地のいい草のベッドを作らねば。それが愛情表現が下手な飼い主の密かな愛情だったりするのだ、にゃにゃ。

1) 2) 3) 4)

1) どこで撮ったか忘れちゃったけど、草の中に白い花。デイジーやマーガレットのような白い花は平和な雰囲気。

2) LAのロシア食料品店「通称ロスア（ダジャレです、笑）」で買ったバラのジャム。庭にもバラが2種類。ジャムは作れないけど。

3) 実は去年ネコの1匹が死んでしまいました。草のベッドはそのコが好きだったの。

4) ネコクリップ。挟んでいるのはインドの豆スナック。人間のエサ？

1）2）
3）4）

1）手前が処分したい冷蔵庫。本当は小さいのに替えたいのに、欲しいデザインがまったくないという現実。ならば持たないという考えに。
2）キッチンとは関係ないけど、こういう形の鏡が欲しい。なう。
3）アフタヌーンティー・リビングと共同開発した「SPEND TIME TOGETHER」というコーヒーアイテムのシリーズが2月下旬に発売に。
4）ゴミ箱にしている巨大ピッチャー。大きいもの好き？

APRIL,
2014

EPISODE 075

キッチン。

　世の女子たちは本当にキッチンが好きだと思う。女性誌では頻繁にキッチンのインテリア特集が組まれているし、素敵なお家のキッチンを集めた単行本もたくさんある。かなりオールドな女子ではあるけど、もちろん私も大好き。人の家でもいちばん気になる場所だし、家でもキッチンにいると落ち着く。

　我が家のキッチンのいいところは東向きに窓があるところ（写真1です）。古い家の小さくてしょぼしょぼなスペースだけど、朝、窓から新しい光が入ってくる（そんな気がします）のがうれしい。お茶を淹れるためにお湯を沸かしている間や、洗いものをしている時に、明るい台所のありがたみを感じている日々。窓は曇りガラスなのでノー景色なのが残念だけど……と言ってもその窓の外にもやはり景色はないのだが。

　お行儀は悪いけれど、キッチンカウンターをテーブル代わりにして立ったまま朝食を食べたり、ここでパソコンのメールを打ったり。テーブルも椅子も雑誌や本などでほぼ占領されているという理由もあるけれど、ここにいると落ち着くのはやはりお日さまの光のせいなのかな。自分の小さな幸せの場所とも言えそう。

　ただ何しろ狭いのでものを減らさなくては、という大問題も。ほとんどの食器を5、6枚の単位で揃えているので、種類は少ないのに量はあるというのが辛いところだ。まずは、溜め込んでいた瓶や、ストックの食品を整理することから片付け始めたところ。できればアメリカ製の大きな冷蔵庫も処分して、冷蔵庫のない生活をしたいんだけど。でも果たして冷蔵庫とさよならできるんだろうか、自分。これ、かなり勇気がいる選択だよなぁ。

I'm into...

新しい雑貨やインテリアの方向性を見ようとパリで行われているメゾン・エ・オブジェへ。でも会場が広すぎてフラフラに。根性試しな気分。

わくわく。

　忙しい日が続くと何か忘れ物をしているような気持ちになる。忘れ物とは、多分ココロの余裕のようなもので、それは些細なことだけど結構大切なことのような気がする今日この頃。以前は朝起きて仕事に出かけ、一日中働いて夜遅く帰ってきて寝る、そんなモーレツ仕事人間だった私も、それでは自分がすり減ってしまうだけだとようやく気付いたのだ（だいぶ遅かったけど……）。

　スタイリストという仕事は自分の興味があることが仕事に繋がっていくので、もともとは趣味だったものが、いつの間にか仕事にすり替わって、結果、素直にそれを楽しめなくなってしまうことがある。例えば旅も、そこで見たり聞いたり買ったりしたものが仕事になったりするので、油断できないというか、ぼんやりした旅はできないぞ、みたいな。何が言いたいのかというと、そんな訳でいつの間にか自分のためだけの時間というか、純粋な楽しみがどんどん無くなってしまっていたのだ。意識せずともいつも身構えているような状態だったので、心底リラックスできる時間が少なくなっていたのだと思う。

　……なので最近の私は「わくわくすること」を再び探している最中だ。今のところは、庭仕事、瞑想、そんな時間が、疲れてすり切れた自分をふっくらさせてくれるような気がする。かなりシャビーな我が家のテラスにテーブルを出して、新聞を読みながらコーヒーを飲んだり、ネコを撫でたり、のんびりとした"ぽかん"な時間が、今の私には必要なことみたい。

I'm into...
以前、占いで「働き星」というものが、私には3つあると言われたことがある。どうやら今世はうんと働く運命らしい。ひゃーっ。

EPISODE 081　　　　　　　　　　　　　　　　　　　　　　　わくわく。

今回はこの間のロンドンで"わくわく"したものを幾つか紹介。
車によく貼られているステッカー。
GBは「GREAT BRITAIN」の略。このデザイン大好き。

OCTOBER, 2014

1) 2) 3)
4) 5) 6)

1) 行く度に、ここで働きたいと思うチェルシー・フィジック・ガーデン。
　　なんてかわいいんでしょ。
2) 掃除機ヘンリーの兄弟チャールズ。
　　よく見ると白目部分に落書きされていて、目が血走ってる！
3) カムデンタウンの素晴らしい八百屋の一角。ジャガイモだけでこんなに種類が！
4) その八百屋の隣のペットショップの看板。何だか気になって……。
5) 絵はがきみたいなフル・イングリッシュブレックファースト。
　　ユーストン駅の側にある古い食堂での朝ごはん。
6) フェア島に行った知人からのお土産。パフィンLOVE！

EPISODE 081　　　　　　　　　　　　　　　　　　　　わくわく。

ロンドン郊外での"のんびり"風景。
大都会のすぐ側にこんな場所があるなんて、ロンドンLOVE！！

NOVEMBER, 2014
EPISODE 082

どうでもいいもの in ベルリン。

「どうでもいいもの」。それはまったくもって文字通りのあってもなくても困らない雑貨。機能性や美とは無縁の、ある意味"すき間家具"的なもの。ただ私はそんなものが大好きなのだ。

　どこの国に行っても必ず行く場所がある。"自分的ミッション"とでも言うべきか。スーパー、ホームセンター、よろずや的雑貨屋、終わってる（"ダメ"という意味）店……。そんな所には「どうでもいいもの」たちが潜んでいて、それを見つけ出すのが雑貨ハンター・オカオが一番輝く時でもある。そう、正直に告白すれば、おしゃれな店の洒落た雑貨を見るよりもこっちのほうがずっと楽しい。なので気に入った店を見つけるとダラダラと長居して、バケツや郵便ポストといった旅行者らしからぬ買い物をしてしまうことに。

1) 2) 3) 4)

1) くだらないと思いながらバリエーション違いで3個も買ってしまったビールジョッキ・キーホルダー。本物のビールみたいに泡立ってる（洗剤入り？）。
2) ベルリンマークのクッキー型。この型を使ってクッキーを焼く日が来るのだろうか。
3) 薬局のオリジナルピルケースはセールで99セントなり。もう、どか買いっす。
4) 庶民的な安めのスーパー、ULLRICHのオリジナルブランドのゴミ袋はシックな色合い。

EPISODE 082　　　　　どうでもいいもの in ベルリン

　こういうのって、どう言えばいいのかな？　趣味。パトロール。性（さが）。癖（へき）。執念。当てはまる言葉はいっぱいあるような気もするけど、一番近いのは「部活」なのかも。1人100本ノック的な！
　最近、撮影で行ったベルリンでもハードな部活動を行ってきた次第。お魚形のお風呂用温度計、安売りスーパーのゴミ袋に、U字型ブラシ。お掃除ものに惹かれたのは、清潔なお国柄に影響されたせいかも。
　さて、この後の「どうでもいいもの」たちの運命はと言うと、大半はお土産になり、残りは撮影小道具として仕事部屋に仕舞われることになる。しかも出番は滅多にない……。だって、やっぱり「どうでもいいもの」だから、ね。

I'm into...

10月10日に神楽坂に新しくオープンするライフスタイルショップ、ラカグのインテリア雑貨のキュレーションをしています。

5）お風呂用の温度計。日本に戻って気付いたのだけれど、裏側に付いてるはずの温度計がミッシング！　ガーン、買った店のどこかに置き去りの刑？
6）U字型のブラシ。これで水道の蛇口とかをゴシゴシ磨きたい！
7）柔らかゴム仕様のガーデニング用グローブ。
　こういう実用的なものは海外で買うことが多い。もちろんストック分も！
8）排水溝の蓋。どうでもいいもの、でも私には必要。

5）6）7）8）

(2015 --- 2017)

EPISODE 094　　中国雑貨よ永遠に。

EPISODE 097　　白い月。

EPISODE 100　　LOST & FOUND

EPISODE 101　　柔らかな色。

EPISODE 115　　ターシャ・テューダーに憧れて。

EPISODE 094

中国雑貨よ永遠に。

　久し振りに横浜の中華街に行った。相変わらず観光客が多くて賑やかで、ただ歩いているだけでも楽しい気分になる。
　ふと、昔ながらの中国雑貨はまだ売っているのだろうかと疑問が生まれて、メイン通りの雑貨屋を覗いてみることに。……、ありました！ イマドキな雑貨（パンダもの多数）が幅を利かせているものの、カンフーシューズやネコのポットなどがひっそりと生き残っていた。でもこういうものを置いてる店はお客さんも少なくて、時代から取り残されたような店が多かった。寂しいけれど需要はないんだろうなあ。こんなにかわいいのに。
　こんな独自調査（？）をするような人は少し変わっているのかもしれないけれど、昔ながらの中国雑貨には素朴で可憐な愛らしさがあると思うのだ。ピンクに赤といった派手な色使いや、刺しゅう、それにラフな仕上げも含めて。台湾で買った魚柄の皿や提灯もチープだけれどやっぱりそれがいい味わいで、時々「やっぱりかわいい」と確認作業をしていたりする。だから今回中華街で買った雑貨も含め、このチープさは無くなって欲しくないと切に願うのだ。私がこんなことを考えてしまうのは原点に『チープ・シック』（草思社刊）の影響があるからなのかも。洗練に憧れながらも、上質なバッグから花柄の刺しゅうのコンパクトを取り出すお茶目な女性の方に惹かれてしまう。チープな雑貨も独特なスタイルを作る小道具として見直してみると面白いはず。とにかく瀕死な雑貨をaidしたい気持ち、なの。

I'm into...
中学生のころマンガ部だった私のペンネームは「南京北京」。怪しすぎるわぁ（笑）。そして昔から中国雑貨好きでした。三つ子の魂百まで？

EPISODE 094　　　　　　　　　　　中国雑貨よ永遠に。

中国茶の定番パッケージをミニチュアにしたお茶はライチ味。そういえば今年の夏は水だし中国茶をよく飲みました。

1）このコンパクト、同じものを友人も持ってました！彼女のはピンク。
　　大人乙女はこの可憐さに惹かれるのかも。
2）ネコポットの裏に貼られてた「MADE IN CHINA」シール。
　　上手くはがせなくて「MADE IN HINA」に……。
3）ピンクの提灯。いつか上手く使えたら、と思いつつまだ未使用。
4）こっちはネコ型ポット。手に抱えたお魚の口からお茶を注ぐというものだけれど、
　　丸っこい後ろ姿もかわいくて。ロシアっぽい花柄にも注目。
5）フリマで買ったスリッパ。
　　これは台湾製でピンクのサテン地に赤い糸で鳳凰の刺しゅうがしてある。
6）こちらも台湾のお皿。使いやすい小振りなオーバル型。

1）2）3）
4）5）6）

EPISODE 094 中国雑貨よ永遠に。

変テコな顔のネコの醤油差し。でも買う時に一番変な顔を選んだのは私です。

  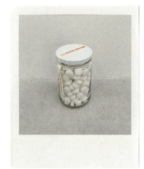

EPISODE 097

I'm into...
今号P156-157で『スター・ウォーズ』の原稿を書いてます。最新作はミュベールのC-3POセーターを着て観に行くつもり。May the Force be with you!

白い月。

　ここ数年、1月末にパリで行なわれるインテリアの見本市に出かけるのが恒例となっている。丁度その頃は冬のソルド（バーゲン）の終盤で、ベーシックなベッドリネンやタオルが安くなっているので「堅実な買い足し」が出来るタイミングでもある。

　そうそう、1月のパリは「Le Blanc（白い月）」と言って、デパートやスーパーでは白いものを集めたコーナーが作られている。「ブラン」には「白」の他に「リネン」という意味があって、フランス人はこの頃にリネンを買い替える習慣があるのだそう。

　パリに行くと必ず覗くボン・マルシェでも洋服や小物、雑貨などを集めた白いコーナーが作られていて、今回それがとてもチャーミングだなと感じた。白という色は気持ちをすっきりと前向きにしてくれるし、印象もクリアだ。それが気持ちいい。

白い月。

そんなわけで今回は白、もしくは白と合わせたい雑貨を選んでみた。ドイツ製のリネンのタオルは小振りなサイズなので洗面所で使うのに丁度いいサイズ。晒しの白がキリッとしてて手触りもいい。それから赤い文字とのバランスがチャーミングなフィグとクローブの香りのリップバーム、お家形の電卓、シンプルなパッケージの紅茶になぜか白ネコの人形(?)も。変なものも含め、身の回りにあったらうれしくなりそうな白いものたちを並べてみたら、やっぱり気持ちが前向きになった。

今年は耳を覆いたくなる辛いニュースの多い年だったけれど、新しい年は気持ちを切り替えて迎えてみよう。

LOVE, PEACE & WHITEで!

1)2)3)4)5)6)

1)
a dayのリップバーム。ほんのり甘くて、美味しい香り。

2)
イケアで衝動買いした白ネコのパペット。手袋型にキュン……って、子どもか、っつうの。

3)
シチリア島の塩を使ったソルト タブレット。パスタを茹でる時に1ℓのお湯に対して1個入れると丁度いい塩加減に。

4)
お土産でもらった紅茶。でもこれはその裏側なの。

5)
フライング タイガー コペンハーゲンでも家形の電卓を衝動買い。でもここは"爆衝動買い"ができる嬉しいショップでもある。

6)
白地に赤の配色がチャーミングなメルローズ&モーガンの本。

ベルリンのマヌファクトゥムで購入したリネンの手拭き用タオル。
生地の織りに特徴があって、洗うとふっくらとした質感に。

EPISODE 097　　　　　　　　　　　　　　　　　　　　　　　　白い月。

白いスープをすくいたくなるレードル（これは塩ですが）。

展示はタグの写真でのみ雑貨が見られる仕組み。
この黄色い「LOST PROPERTY」タグはグラフィックデザイナーの黒田益朗さんが展示用に作ってくれたもの。

MAY,
2016

EPISODE 100

LOST & FOUND

　現在、六本木の21_21 DESIGN SIGHTで開催中の『雑貨展』(展覧会ディレクターは深澤直人氏)。その中の「12組による雑貨」という展示に私、オカオも参加をしている。参加者それぞれのテーマに基づいた雑貨観を表現する、という内容だ。

　私のテーマは「LOST & FOUND」。仕事柄、結構な分量の雑貨を持っているけれど、ほとんどが撮影用で普段の生活で使うことはない。そんなプロップとしての雑貨たちは、仕事場や家の「開かずの間(恐ろしい部屋です)」の引き出しや段ボール箱に詰められ、もしくは放置されて、息を潜めるように存在している。しかも「こんなの持ってたんだっけ」と私の記憶から抜け落ちているものもあって、何というか存在感も失われていたりするのだ。

　私にとって雑貨とは、自分をワクワクさせてくれるもの。それなのに放置している雑貨が大量にあって、後ろめたい気持ちが常にある。以前、パリ郊外の町を挙げてのフリーマーケットに行ったことがある。道という道すべてにガラクタや古着があふれていて、愛されていないもの、捨てられるものの悲しみが町に充満しているように感じられた。それが結構ショックで。でもそれって、その"感じ"が私の家にもあるからなんだよなあ。

　愛されない雑貨は単なるものでしかない。雑貨は人に使われ、愛しまれ、尊敬されてこそ存在意義があるのだと思う。なので今回は家の「かわいそうな雑貨」を見直すことをテーマにしてみたのだ。家庭内「遺失物取扱所」的な気持ちで。みんな、ごめんよ。

I'm into...
祝連載100回！忍耐強い編集者に支えられ、なんとか続いてきました。歴代の担当者に感謝。それにしてもこんなに長く続くなんてびっくり。

1） 巨大「m&m's」パッケージ。
　　小さいものが大きい、それだけで私の雑貨ゴコロはフツフツとするのだ。
2） ガーデン用の小人の人形は割れてしまったけれど捨てられず、でも使い道もない、そんな雑貨。
3） パッケージ♡ これはアーティストが作ったパッケージジャグ。
4） 最近買ったハンドミシン。ネコの箱に惹かれて、つい。

EPISODE 100　　　　　　　　　　　　　　　　　　　　LOST & FOUND

5）ハワイの救世軍で買った兄弟写真のマグカップ。他人の記念品て哀しいけど、お気に入りのひとつ。
6）チーズ形スポンジ。こういうふざけたものも大好き。
7）メルボルンの業務用食器屋で見つけた巨大なステンレスポット。多分、紅茶10杯は淹れられるはず。
8）懐かしのデリバリーボックス。80年代っぽい？

5）6）
7）8）

JUNE,
2016
EPISODE 101

柔らかな色。

　今月号の器特集の撮影でソウルへ行ってきた。日程は涙の4泊5日！　私のミッションは作家ものの器と日用品を探すことだったので、ソウルに到着早々、駆け足でいろんな店を見て回ることに（相変わらず"鬼"スケジュール、スミダ）。
　韓国の器と言えば透明感のある青磁、粉青沙器、そして清潔感のある白磁などを思い浮かべると思う。それぞれに美しさがあるけれど、私自身は白磁の器に一番惹かれる。白磁の器は洗練されているけれど、使いやすくて日常の生活に馴染んでくれる、そのバランスが好きなのだ。
　民族衣装であるチマチョゴリの華やかな色使いの印象が強いせいか、韓国と聞いて多くの人がイメージする色は赤や青といった原色ではないだろうか。私自身も長い間そんなイメージを持っていたのだけれど、今回の器の撮影を通して俄然イメージは「白」に変わった。でもその白とはまた別に気になった色が他にもあって、それはピンク、水色、グレー、生成りといった柔らかい色たち。原色の色よりも韓国らしく思えたのは、白との相性の良さのせいなのだろうか。くすんだピンクの風呂敷、グレイッシュな白い尼僧の靴（ちなみに尼さんが身につけているグレーのキルティングの服も素敵）、陶芸家のアトリエにあった釉薬の色。特別な色ではないのに、何だか新鮮に見えて、移動中や取材先でも気になってしまった。特にピンクは今回の旅で好きになった色でもあった。その理由は謎だけど、何かが芽生えたのかもしれない、ワタシ（w）。

I'm into...
"鬼"スケながらも楽しい5日間でした。ソウル、また行きたい、というかまた行きます！　ピンクといえば、肉屋さんの照明がピンク色なのも気になりポイントでした。

EPISODE 101　　　　　　　　　　　　　　　　　　　　　柔らかな色。

くすんだピンクの風呂敷。結び目もかわいいの。

1）Ballの瓶に入った釉薬はチャン・ジェニンさんのアトリエで。
2）ソウルで2番目においしいお汁粉屋さんにあったブラシ。先のカットも気になりポイント。
3）丸いスツールと座布団。それが何だかかわいくて……。
4）手前が尼僧の靴。水色は先が尖った昔の靴の形。

EPISODE 101　　　　　　　　　　　　　　　　　　　　　柔らかな色。

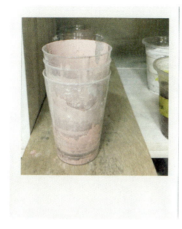

5）作業中のプラカップ。ピンク色ってかわいい（とやっと気づいた次第）。
6）陶芸家キム・ヘジョンさんのアトリエでは繊細な色が目についた。
　　水色の針と濃いグレーの文字盤の組み合わせがきれいな掛け時計。
7）サードウエーブ系コーヒー店のカウンターはグレーの天板。
　　シナモンロールもおいしそう。
8）食器屋に飾ってあった花。木瓜かな？

5）6）
7）8）

こういう柄、ターシャっぽいなと思う。 右ページはいつも手元に置いてある一冊。『ターシャ・テューダーのガーデン』(文藝春秋刊)。

AUGUST,
2017

EPISODE 115

ターシャ・テューダーに憧れて。

　絵本作家のターシャ・テューダーの晩年を撮影したドキュメンタリー映画『ターシャ・テューダー 静かな水の物語』を観に行った。少し落ち込むことがあって、彼女の美しい庭の風景に慰めてもらおうと思ったのだ。たくさんの本で紹介されているように、ロマンティックな色合いで構成されたターシャの庭はガーデナーの憧れだ。私も彼女の本を繰り返し見ていて、その度にいつか自分でも美しい庭を作りたいと夢を膨らませている。それに庭だけでなく、19世紀の昔ながらの暮らし方を実践した彼女のライフスタイルにも憧れがあって、本に登場する花柄やブルー＆ホワイトのカップ＆ソーサー、透かし編みのショール、柄物のワンピースやエプロンといった昔話から抜け出したような生活のディテールに、いつもうっとりと見入ってしまう。

I'm into...

NYのチャイナタウンにあるホテルでこの原稿を書いてます。窓から見えるのはアジアな風景。車の騒音も相まって異国の中の異国にいるようなちょっと不思議な気分。

　そんなわけで「落ち込み」には憧れの"動くターシャ"が効くかな、と映画館に出かけたわけだけれど、結論としては、元気以上のものをもらった気がしている。庭ももちろん素敵だったけれど、何よりターシャの強さに勇気づけられた。「人生は短いから不幸でいる暇なんてない」。こんな風に語られる彼女の言葉もひとつずつ胸に響いた。なんてシンプルで強い言葉なんだろう。そして映画を観て、物語のような生活も庭も、すべては夢を実現させたいという強い意志の賜物だったということに気付いた。その強さは自分にはないけれど、確かによくよしてる暇なんてないんだわ、と前向きになった次第。ありがとう、ターシャ。

EPISODE 115　　　　　　　　　　　　　　　　ターシャ・テューダーに憧れて。

1）ヴィンテージのペイズリー柄のショール。裂けている部分もあるけれど、優しい色合いが好き。
2）ターシャはコーギー犬のことを、美の権化といってもいいと話しているけれど、
　　正直私にはそれがよくわからない。このコはソーラーで動く「ソーラーコーギー」。
3）買ったものの着られずにいるブラウス。もっと歳をとったら似合うようになるかしら。
4）古いブルー＆ホワイトのケーキ皿。これを使う時はターシャな気分で。
5）ミルクティーが似合うブルーウィローのカップ＆ソーサー。
6）ターシャのイメージで花束を作ってみた。芍薬とバラは私の好きな組み合わせ。

1）2）3）　6）
4）5）

EPILOGUE

2009年に当時のフィガロジャポン塚本編集長から雑貨の連載のお話を頂いた時には、大人の、モードで、お洒落なフィガロジャポンで自分が連載を?、とかなり緊張した。
そして、綾小路きみまろ風に言えば、あれから9年〜(笑)。世界にも、自分にも、いろんなことが起こったけれど、連載はなんとか続いて100回を超えた。
雑貨とタイトルが付いているものの、あまり雑貨の話は出てこず、ネコと台所とお茶の話ばかり書いてきた気がする(いや実際そうだから←自己つっこみ)。
連載の途中までの写真はポラロイドを使っていたけれど、フィルムが生産中止になり、その後インポッシブル・プロジェクトで復活したものの思うように色が出ず、ひどい写真を掲載した時期もあった(P94〜P113が魔の時代)。そして今はiPhoneで撮っている。そんな時代の経過も一緒に味わってもらえればと思う。

最後に、フィガロジャポンらしからぬ、ぼんやりとしたこの連載を見守ってくれた歴代編集長の西村緑さん、上野留美さん、そして副編集長の森田聖美さんにお礼を申し上げます。岸井 千さん、井上 拓さん、森田華代さん、笹森真那さん、そして林 可愛さん、担当の皆さんの付けてくれる見出しや小見出しを読むのがとても楽しみでした(ing)。
そしてこの連載を書籍化してくれた牛島暁美さん、山崎みおさん、グラフィックデザイナーの岡村佳織さんにもお礼とハグを!
Tack! Tack! Tack!

岡尾美代子

スタイリスト。
洋服から雑貨まで、幅広いスタイリングを手がける。
著書に『Room talk』『Room talk2』『雑貨の友』(すべて筑摩書房)、
『Land Land Land 旅するA to Z』(ちくま文庫)、
『manufactures』(アスペクト)、
『おやすみモーフィ 岡尾美代子の毛布ABC』(マガジンハウス)、
『肌ざわりの良いもの』(産業編集センター)などがある。
鎌倉でデリカテッセン「DAILY by LONG TRACK FOODS」を
友人・馬詰佳香と共同経営。
季節ごとのおいしいものと可愛い雑貨が並ぶ。

※本書内に出てくる情報は、連載時のままとしております。

岡尾美代子の雑貨ヘイ! ヘイ! ヘイ!

2018年4月7日　初版発行

著者	岡尾美代子
装幀	岡村佳織
発行者	小林圭太
発行所	株式会社CCCメディアハウス 〒141-8205　東京都品川区上大崎3-1-1 販売　03-5436-5721 編集　03-5436-5735 http://books.cccmh.co.jp
印刷所・製本所	大日本印刷株式会社

©Miyoko Okao,2018　Printed in Japan
ISBN978-4-484-18209-4
乱丁本・落丁本はお取り替えいたします。無断複写・転載を禁じます。